JN273664

ドライバを支援する

車の知能化技術

―― 自動車はこうやって人間と友達になる ――

高橋 宏 著

養賢堂

はじめに

　ちょっと昔のアメリカのテレビ映画にナイトライダーという番組があった (1982.9〜1986.8). ご存知の方もおられるだろう.「ナイトライダー. 陰謀と破壊と犯罪の渦巻く現代に蘇る正義の騎士 … 巨大な悪に立ち向かう現代の騎士, ナイトライダー. 今日, 彼を待ち受けるものは, 果たして誰か …」というナレーションで始まるこの番組では, ナイト 2000 というスポーツカーと敏腕刑事マイケルが世の中の不正や悪に立ち向かう. ナイト 2000 は, 人工知能が搭載されており, マイケルと会話をしながら人間と車が一体となり事件を解決していくストーリーである.「おはようナイト 2000！」の話しかけに, 車は「今日は機嫌がよさそうですね」と答える.「前の車を追跡してくれ！」という命令に対して,「はい, 了解！」と, 前の車を自動運転で追跡する. 子供ながらに, こういう車があったら, さぞかし楽しいだろうと心をワクワクさせたものだ.

　こうした夢物語だった人間と機械との関係が少しずつ現実味を帯びてきている. 車の「走る」,「曲がる」,「止まる」は車に搭載されたカメラやレーダによって部分的ではあるが, 人間の運転操作を代替し始めた. 障害物の前で自動的にブレーキがかかる車の CM には大きなインパクトがあった. また, ロボットが人間とコミュニケーションを行い,「癒し」や「精神的な疾病の治療手段」になり始めている. さらに, テレビ CM でよく目にする携帯などの音声対応サービス (コンシェルジュ) は, まさに人間と機械のコミュニケーションを円滑に実現し, ナイト 2000 のように「おはよう」の問いかけに,「今日は機嫌がよさそうですね」といいかねない.

　いまや, コンピュータ技術の進歩, 通信技術の進歩, そして車の構造, 機構, 制御の進歩により, ナイトライダー 2000 のお話は, もはや絵空事ではなくなってきている. こうした人間 (ドライバ) と機械 (車) との関係について, 技術的流れや具体的な検討事例を通してこれから 10〜50 年の人と車との関係を考えてみたい. テレビ番組の中で, ナイト 2000 の車が壊れてしまい,「おはよう」の呼びかけに何も答えなくなったとき, あたかも友達がいなくなってしまったような切なさを感じたことを覚えている.

今回，この本で紹介する技術は，そこまで感情移入できるケースはないが，いつしか，いまの形ではないにしても，人間の良き相棒となる車につながる技術であると信じている．ただ単純に，「人のように運転する」ことを知能機械で実現することがいかに技術の粋を集めなければできないかを感じ取っていただければ，大変うれしい．

　本書で紹介した知能的な運転支援を行う自動車の内容は，著者が日産自動車(株)に勤務していたときに多くの人々に支えられながら研究・開発し，学会に発表した論文などが基になっている．20年近くの研究所での勤務の中で，いろいろな車を試作し，実験を行った．その仲間たちに感謝すると同時に，いまになって思えば，様々なアイディアを自由に試すことができた日産自動車の社風に深く感銘を受ける．当時の上司であった秦 好孝主管研究員(以下，役職はその当時のもの)，松村利夫主任研究員，廣田幸嗣所長，南 英洋主管研究員，池浦憲二主管研究員，三原輝儀部長らには，様々な局面でご指導をいただいた．また，研究を支えてくれた佐藤 宏氏，黒田浩一氏，故 坂上信介氏をはじめとする多くの同僚たちに深く感謝申し上げる．企業から大学に移って，新米の大学教員に，多くのアイディアを考える契機を与えていただいた本多博彦博士や研究と教育の楽しさを教えてもらった学生諸君に感謝する．

　さらには，本原稿をまとめるにあたり，養賢堂の三浦信幸氏に大変お世話になった．文章や図の校正で多大なご尽力をいただいたことに感謝する．最後に，私の企業エンジニア時代から大学教員時代までの25年以上の仕事を精神面から支えてくれた家族に感謝の気持ちを捧げたい．

平成25年3月 吉日

高 橋　宏

目　次

1章　自動車技術の進歩とその見方

1.1 車をつくるときに重要な設計指針 …………………………………… 1
1.2 車両の知能化という視座 ………………………………………………… 5
1.3 自動車の知能と人間の脳 ………………………………………………… 6
　1.3.1 運動神経抜群の小脳的知能 ………………………………………… 6
　1.3.2 人間の操作を完全に代替する大脳的知能 ……………………… 7
　1.3.3 人間の気持ちを読む高度な知能 ………………………………… 7
1.4 自動車知能の機能分類 …………………………………………………… 8
1.5 運転支援のための知能化技術 ………………………………………… 9

2章　ITS車両の目指すもの

2.1 ITS車両の実際 …………………………………………………………… 11
　2.1.1 自律走行車のデモンストレーション …………………………… 11
　2.1.2 「曲がる」知能化：LKS ……………………………………………… 12
　2.1.3 「走る」知能化：ACC ………………………………………………… 13
　2.1.4 低速追従機能付加ACC ……………………………………………… 14
　2.1.5 「止まる」知能化：PCB ……………………………………………… 15
2.2 運転支援装置市場投入時期とそれを可能にした技術 ……………… 16
2.3 運転支援の余裕時間と支援内容 ……………………………………… 19
2.4 ITSに関するキー技術 …………………………………………………… 22
　2.4.1 センシング技術全般 ………………………………………………… 22
　2.4.2 センシングデバイス ………………………………………………… 24
　2.4.3 ヒューマンマシンインタフェース(HMI)技術に関する課題 …… 26
2.5 自動車機械としての安全性 …………………………………………… 27
2.6 運転支援の本質的課題 …………………………………………………… 30

3章　環境に起因する運転の難しさを支援するシステム

3.1 隘路を通り抜けるときの運転支援 …………………………………… 32
3.2 隘路での減速期待 ………………………………………………………… 33
3.3 ドライバの隘路減速モデルをつくる ………………………………… 35

3.3.1	実験データ収集システム	35
3.3.2	通過可能道路幅と通過速度との関係を求める	36
3.3.3	隘路部通過速度推定モデル同定	38
3.4	車両システムへの適用と評価	39
3.5	隘路を通り抜けるときの運転支援のまとめ	42
3.6	急なカーブを曲がるときの運転支援	42
3.7	急なカーブを前にしたときの減速期待	43
3.8	ドライバの急カーブ減速モデルをつくる	44
3.8.1	実験データ収集システム	44
3.8.2	データ取得のための実験概要	44
3.8.3	外的情報の観測	46
3.8.4	曲率‒通過速度関係式の汎化性	47
3.9	車両システムへの適用と評価	47
3.10	急なカーブを曲がるときの運転支援のまとめ	50

4章　ドライバの思いに起因する運転の難しさを支援するシステム

4.1	ドライバの思い・気持ちの工学的表現法	52
4.2	走行環境とドライバ挙動	52
4.3	ドライバの気持ちを工学的に表現する	54
4.4	外的情報感受性の個人差の表現	56
4.5	車両システムへの適用と評価	59
4.5.1	シミュレーション結果の評価	60
4.5.2	実車実験結果の評価	61
4.6	ドライバの気持ちを読む運転支援のまとめ	63
4.7	無意識の誤りを発見し事故を未然に防ぐ運転支援	63
4.8	誤操作回避運転支援の考え方	65
4.8.1	エラー分類と検討対象とするエラーの明確化	65
4.8.2	誤操作対応のための解決問題の明確化	65
4.8.3	システムの基本的動作	66
4.8.4	センサなどの機能構成	68
4.9	ドライバの勘違いを推定する方法	69
4.9.1	代表的適用場面の設定	69
4.9.2	操作意図推定と誤操作回避アルゴリズム	70
4.10	車両システムへの適用と評価	71

4.10.1 帰納的データの収集 ……………………………………………… 71
4.10.2 データ分析と操作意図推定モデル同定 ………………………… 72
4.10.3 判別に要する観測時間の検討 …………………………………… 74
4.10.4 判別確率による評価と誤判定時の対応 ………………………… 75
4.10.5 システムとしての評価 …………………………………………… 76
4.11 誤操作回避運転支援のまとめ ………………………………………… 77

5章 必要なときに必要なことを運転支援するために

5.1 ドライバの期待に応えるための方策 ………………………………… 79
5.2 運転支援の知能とドライバの知能の違い …………………………… 80
  5.2.1 知覚機能に関する課題 …………………………………………… 80
  5.2.2 認識機能に関する課題 …………………………………………… 81
  5.2.3 判断機能に関する課題 …………………………………………… 82
  5.2.4 車両挙動の了解性 ………………………………………………… 82
  5.2.5 車両挙動の再現性 ………………………………………………… 83
  5.2.6 計画機能に関する課題 …………………………………………… 83
5.3 ドライバが車両挙動に違和感を覚えないための方策 ……………… 84
5.4 ドライバ運転操作のモデル化 ………………………………………… 85
5.5 自動で制御されることと手動で制御することの違い ……………… 88
  5.5.1 課題解決検討場面の設定要件 …………………………………… 88
  5.5.2 具体的検討場面の設定 …………………………………………… 89
5.6 エンジンブレーキ開始位置の実車実験 ……………………………… 90
5.7 手動操作位置の観測 …………………………………………………… 92
5.8 自動制御に対する官能評価 …………………………………………… 92
5.9 実験結果と考察 ………………………………………………………… 95
  5.9.1 手動操作位置 ……………………………………………………… 95
  5.9.2 自動制御位置と官能評価 ………………………………………… 96
  5.9.3 自動制御時期を早める要因 ……………………………………… 97
  5.9.4 情報提示効果の検討 ……………………………………………… 98
  5.9.5 ITSにおける部分的自動操作介入時期 ………………………… 99
5.10 自動で制御されることと手動で制御することの違いのまとめ ……… 100

6章 未来の運転支援

6.1 危険な場所を機械が教えてくれる技術 ……………………………… 101

6.1.1 走行路内運転危険要因 (ハザード) の推定 ································ 101
6.1.2 ドライバのハザード認識状態の推定 ··································· 102
6.2 ハザード推定手法の概要 ·· 102
6.2.1 運転中に遭遇するハザード ··· 102
6.2.2 画面分割領域の重要度設定 ··· 103
6.2.3 オプティカルフローによる前方物体動き検出 ··························· 104
6.2.4 領域ごとの移動物体分類 ··· 104
6.2.5 空間的なハザード推定 ··· 104
6.2.6 時間的なハザード推定 ··· 105
6.3 ハザード推定の具体的手法 ·· 105
6.3.1 分割領域とハザード重要度算定のためのルール ························· 105
6.3.2 前方物体の動き検出 ··· 106
6.3.3 各領域の空間的なハザード危険度推定 ································ 106
6.3.4 時間的なハザード危険度推定 ······································· 107
6.4 車両システムへの適用と評価 ·· 107
6.5 ハザードを推定する技術のまとめ ······································ 111
6.6 閾下刺激によるドライバへの情報伝達 ·································· 111
6.7 視覚の閾下意識提示に関する検討 ······································ 112
6.7.1 閾下意識概要 ·· 112
6.7.2 運転支援の形態 ·· 113
6.8 視覚的閾下意識作用の検証 ·· 115
6.8.1 実験の方法と手順 ·· 115
6.8.2 実験結果 ·· 117
6.8.3 考　察 ·· 119
6.9 閾下刺激による情報伝達手法に関するまとめ ···························· 120

7章　未来の車

7.1 ネットワークでつながる車 ·· 123
7.2 カーシェアリングによる価値観の変化 ·································· 125
7.3 車とエネルギー ··· 127
7.4 知能化のブレークスルー ··· 128

参考文献 ··· 133
索　引 ··· 139
用語説明 ··· 141

1章　自動車技術の進歩とその見方

「車」という乗り物と「人」との関係は，意外と古い．紀元前から手押し車のようなもので大きな石を運んでいる絵を目にする．まさに，車輪を用いて荷物を運搬するという道具としての車の発展は，われわれの文化とともに進化してきた．一方，産業革命以降の蒸気エンジンによる自動車やガソリンエンジンを搭載した自動車といった，いわゆる今日的に「自動車」と呼ぶ移動機械装置の登場は，意外と新しい．

1885年，カール・ベンツが三輪のガソリン自動車を発明し，翌年には同じくドイツ人のゴードリップ・ダイムラーが四輪自動車を発明した．エンジン機関というキーコンポーネントを中心に発達してきた移動機械が，電気技術や電子技術の助けを受けながら移動機械としての可能性を拡大してきた．

本章では，電気・電子と機械の融合により自動車が進歩してきた経緯を概観する．

1.1　車をつくるときに重要な設計指針

19世紀後半に端を発する今日的「自動車」開発の歴史を振り返ると，いくつかの時代の潮流が見えてくる[1.1]．表1.1に示すように，1900年代から1950年代にかけては，ガソリンエンジンや機械的なサスペンションなどのメカニクス(純粋な機械)の盛隆時代があり，自動車機械としての基盤が築かれた．エンジンという「走る」ための動力機構と機械的な操舵装置と制動装置が「曲がる」，「止まる」機能を実現し，初めて人や荷物を載せて空間的に移動する道具が完成する．

その後，1960年から1975年にかけてトランジスタなどの電子部品の採用により電子機器が機械や機械構成部品の一部を代替する流れが起こり，EGI

表 1.1 自動車を構成する部品などの進歩年表

年代	1900	1910	1920	1930	1940	1950	1960	1970	1980	1990	2000	2010
マクロ推移		機械・機構の改良				トランジスタ・IC			マイクロコンピュータ		外界センサ	
駆動系	■ガソリンエンジン / ■電気式点火				■自動変速機			■EGI / ■3速AT	■エンジン総合制御 / ■キャブレタ制御 / ■5速AT / ■4速AT	■ACC / ■全域ACC / ■ハイブリッド	■ナビ制御	
シャシー系				■独立懸架	■パワーステアリング / ■ディスクブレーキ				■エアサス / ■後輪操舵 / ■ABS	■LKS / ■PCB / ■駐車支援		

(Electronic Gasoline Injection) といったエンジンの電子制御化が始まった．これがメカニクス (機械装置) の時代からメカトロニクス (電子-機械) の時代への移行の時期と考えられる．負圧式ダイヤフラムなどで構成された点火時期の進角制御機構は，回転角センサとコンピュータによってきめ細かく制御できるようになった．従来の機械装置が，電子制御を手に入れることにより，移動機械としての絶対的な能力が大きく拡大することはなかったが，機構的に得られる制御範囲の中で，細かく，多くの評価指標を考慮しながら，多様な制御を実現できるようになった．メカトロニクスにより自動車制御の自由度が拡大したといえる．

そして，1980年以降，マイクロコンピュータにより高機能・高精度化する車両の電子制御は，エンジン，パワートレイン，シャシーに至る多方面で自動車の開発形態に変革をもたらした．エンジンの制御マップを効率的に設計する手法や電制シャシー制御などの設計手法が大きく変わった．そして，車両設計・開発にかける時間の短縮と，それに伴う設計改善効率化の流れは，飛躍的に車の設計パラダイムを変化させた．さらに，ハイブリッド自動車や電気自動車のように駆動力を発生する仕組みに，ガソリンエンジンだけでなく，モータも導入されることになる．ガソリンエンジンのような周期的な爆発を利用する間欠的な駆動力発生装置から電流の連続的な変化で細かく駆動力が発生する電気モータに置き換わることにより，駆動力の制御自由度が飛躍的に変化し，車両位

置の制御や微小量の移動などの制御が実現しやすくなり，新しい移動機械としての道筋が開けてきた．

この様相の変化をクルマの制御手法という視点で概観すると，その開発指針の変化がさらにはっきり見えてくる．図1.1に示すように，機械や機構部品が車両の中心的な設計要素であるときの設計指針は，機械効率の最適化であり，機械をうまく設計し，エネルギーロスの少ない，コンパクトで効率的な機構を実現することであった．いわば，パワーがありながら燃費が良く静かな車をつくろうとした．その後，機械部品の電装化や電子制御装置の高度な制御プログラムの導入により機構部品の動作特性が飛躍的に改善し，設計指針の中に機械としての効率改善のみならず，ドライバにとっての乗り心地などのヒューマンファクターを考慮した設計基準が考慮できるようになってきた．従来は，リンク機構や歯車などで伝達特性が固定されていた装置が，電子的な制御手法と制御自由度の高いアクチュエータを手に入れることによって，伝達特性を状況によって変化させる仕組みができ，変化の範囲も大きく拡大した．それによって，機械の都合に人間が合わせていた従来の設計が，人間の主観的評価要素を考慮しながら機械の動きを決められるようになってきた．もちろん，自動車開発の歴史の中で，初期の段階からこうしたドライバと車両との関係をまったく無視してきたわけではない．人間が誰でも操作可能な操舵系機構の実現のように，一般的な車両開発の過程で，こうした検討が車両特性のチューニング，官能評

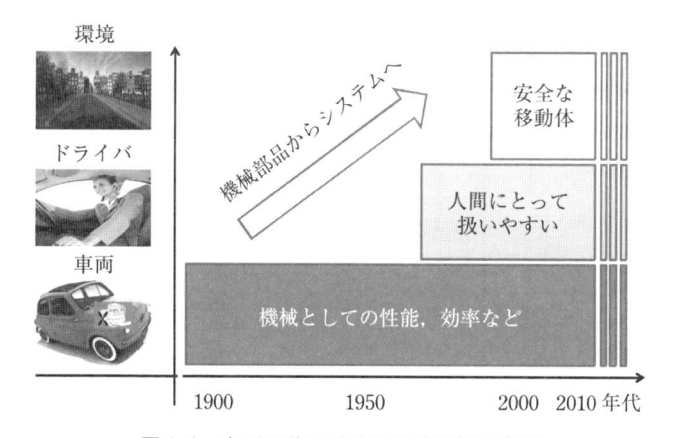

図 1.1　車両設計における設計規範の変遷

価試験などの形で人間と車両の相互の関係を設計指標として陰に扱われてきた．こうした陽に扱われていなかったドライバと車両との関係に着目し，ドライバにとって扱いやすい車両の実践的研究の意味は，これからの自動車工業における未来の自動車のあり方に関して重要な一指針を与えるであろうと考えられる．こうして，「人間にとって機械がどうあるべきか」の立場から知能化された自動車の姿を考える視座が確立された．

さらに1990年以降，世界的にITS (Intelligent Transport Systems)[1.2]の概念が広がり，先行車や周囲の障害物といった周囲環境，道路環境を考慮した車両設計が必要になってきた．走行する道路の状況，周囲に存在する車両の位置関係や速度によって自車の挙動を変化させる新しい枠組みが導入されたことが新たな設計指針を必要とした．

以上の技術的推移を端的にまとめれば，図1.1において，機械単体として効率を求める設計から，人間にとって扱いやすい機械としての設計指針に拡大し，設計に関わるパラメータが，扱いやすさ，運転しやすさ，疲れにくさといった人間にとって重要視する評価関数をもつ必要が出てきた．そして，衝突回避運転支援装置のように，ドライバと車両操作系との関わりと，さらに車両システムの外界に存在する障害物との関係を考慮して最適な自動車挙動を設計する指針に変わっていった．

こうした変化する環境のもとで車両を設計するためには，いくつかの考え方を変えながら車を設計していく必要が出てくる．一般的に，自動車運転系を構成する要素は，図1.2に示すように，機械としての車両，車両を操作するドライバ，そしてその車両が移動する走行環境の3要素からなる．設計において，この各要素を多面的に考慮しながら車両を設計する時代が到来したことになる．

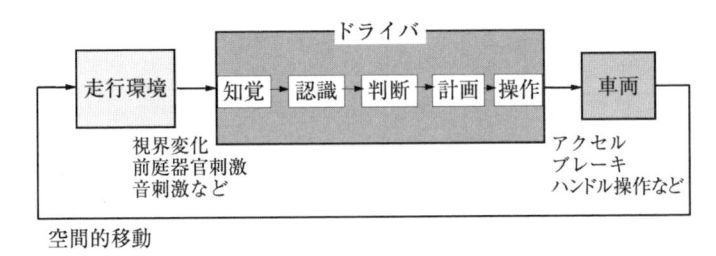

図1.2 クローズドループ運転操作系

こうした3要素の多面的設計に注目し，以下に三つの視点を示す．
 (1) 新しい自動車アプリケーションを前提とした新しい車づくり環境を構築する視点．

従来のような強度解析や流れの可視化といった機構の設計だけでなく，周囲障害物を検出するセンサのアルゴリズムを開発するための自動車技術やドライバの特性を考慮して最適なヒューマンインタフェースを設計するための環境の構築に関する新しい考え方が必要となる．
 (2) 運転支援装置の設計などの場合，設計要素が複雑化することによって，多変数の最適条件を見つけ出すことが容易ではなく，これを改善する視点．

システムの入力と出力が1:1の関係にあるような決定論的に作用する関係を論ずるのであれば簡単だが，人間の挙動のように不確かな要素を包含するシステムを陽に設計する場合においては，いままでのような単純な入力と出力(原因と結果)との関係だけでは記述できない．こうした問題に対して，新しい自動車開発技術が必要となる．
 (3) ドライバと自動車の相互関係の中で，ドライバを中心とした自動車設計 (Human-centered design)[1.3]に配慮する視点．

ヒューマンファクターを考慮したドライバの周囲環境への注意度やドライバが運転支援装置の動作に対して抱くトラスト(Trust)[1.4]といった新しい概念を導入しようとしたとき，その概念を具体的な設計値につなげるための車両設計技術が必要となる．

こうした新しい考え方や具体的な設計方法が新しい車づくりを支えることになる．

1.2 車両の知能化という視座

1.1節では，新しい枠組みでの車両設計規範という視点で自動車技術をながめてきたが，より車両の性能に近い知能化という視点で車を概観すれば，また，別の様相が見えてくる．プロフェッショナルでない人も含めて多くの人が接する機械構造体の中で，最も身近で，大きく，かつ機械と複雑な関わりをもつシステムが自動車といえる．人間とインタラクションをもつ機械の協調関係の視点から自動車の知能化技術をながめると，工学的に重要な多くの課題が存

在する.

　図 1.2 に示したように，ドライバが走行環境を知覚し，状況を認識，判断し，動作を計画する．そして，アクセルやハンドルを操作する．車両に入力されたアクセルペダル踏み量などは，エンジン吸入空気量などの物理量に対応し，車両挙動が規定され，走行環境内の空間移動が発生する．走行環境内の空間的移動が景色の変化や加速度の変化を生み，これをドライバが視覚，前庭感覚，体性感覚などで知覚する．いわば，原因と結果が連鎖し合いながら動的に変化していく系と考えることができる．こうした，系の中で，自動車の知能化技術は，ドライバの知覚から操作までのプロセスの一部，もしくは大部分を機械の知能で代替することを目的とする．ただし，場合によっては，完全な代替ではなく，ドライバのワークロードを減少するように部分的機能支援を目的とすることもある．

　近年の ITS (高度道路交通システム : Intelligent Transport Systems) 研究[1.2]によって，自動車機械の振舞いをより賢くし，ドライバにとって，より使いやすい車を実現しようとする知能化車両の検討が注目されている．次節以降では，ドライバと自動車の協調関係の中で「自動車の知能化技術がどのように自動車とドライバの間に介在し，ドライバの運転をどのように支援しているのか」という点に着目し，自動車機械の知能化技術を考える．

1.3　自動車の知能と人間の脳

　機械の知能は，よく人間の挙動を基準[1.5]にして相対的に論じられる．ある入力に対して機械の応答を人間が観察したとき，入力に対する応答が，人間の応答なのか機械の応答なのかを人間が区別できないならば，その機械は人間並みの知能もっていると判断する．このように，人間の挙動と機械の挙動を比較して車の挙動を考えると，車の知能化技術をいくつかのグループに分類できる．

1.3.1　運動神経抜群の小脳的知能

　急なカーブを走行するとき，スピードを出しすぎて車の姿勢が不安定になることがある．そこで，車の挙動をモニタしながら前後左右の各車輪ブレーキを独立に駆動力制御することにより，急カーブなどでのスピンを防止する VDC (Vehicle Dynamics Control System)[1.6] という装置がある．

車両のヨー変化，加速度などを監視しながら，四つの車輪を別々に十数ミリ秒ごとの制御周期でブレーキ圧を変化させ，車両を安定状態に維持する．人間の操作時間は最速でも100ミリ秒前後であるので，機械は，その5倍以上の速さでブレーキペダルを踏んでいることになり，安定した車両挙動が実現できる．この場合，車の挙動変化をすばやく検出し，的確に判断し，すばやくブレーキ圧を制御する「ドライバの操作能力を超えた知恵と技」をもった知能化技術といえる．いい方を換えれば，人間のスムーズな運動神経を司る小脳の機能になぞらえて小脳的知能化技術と呼べる．

1.3.2 人間の操作を完全に代替する大脳的知能

未来自動車の究極的な姿の一つである完全自律走行車両がある．東京から高速道路に入って「大阪行き」のボタンを押せば，車が自動的に大阪のインターチェンジ近くまで自動運転してくれる．完全にドライバの運転機能を代替でき，無人で走行する自動車の知能は，利便性の面からドライバを支援してくれる「ドライバの運転操作機能を代替する知能」といえる．

図1.2に示したように，ドライバがもつ知覚から操作までの機能をすべて機械の知能化技術によって代替しようとするもので，主に視覚的情報入力からアクセル操作量決定までの過程をコンピュータのプログラムで実現する．知覚した情報を理解し，運転操作という一連の作業との関わりの中で状況を時空間的に判断し，車両挙動を計画する高次の知能化技術が必要となる．いわば，ドライバの運転操作は，大脳による高度な統合判断によって行われていることから，大脳的な知能化技術と呼ぶことにする．

1.3.3 人間の気持ちを読む高度な知能

完全にドライバの運転操作機能を代替するのではなく，ドライバの運転操作を部分的に支援する知能化技術もある．たとえば，ドライバが加速したいと思ってアクセルを踏むと大きな加速が得られ，同じアクセルの踏み量であっても，渋滞路などで，あまり加速したくないと思ってアクセルを踏むと，ゆっくり加速してくれる車がある[1.7]．車が，周囲の状態や運転履歴からドライバの気持ちを予測してアクセルの操作量に対する出力軸トルクのゲインを変化させるシステムである．

本来，ドライバが走行環境を認識し，アクセルペダル操作量に対する出力軸

トルクの発生量を自発的に変化させていた人間側の適応化機能を機械側にもたせることにより，ドライバのワークロードを小さくすることができると考えられる．ドライバの操作意図と自動車の挙動がうまく適合すれば，極めて運転しやすい自動車になる．いわば，ドライバの意図や車両への期待を予測して対応準備をしてくれる「人間の気持ちを読む高度な知能」である．大脳的な知能化技術の範疇に属するが，自動車の知能化を考えるときに，極めて重要な技術である．

1.4 自動車知能の機能分類

自動車運転操作を機能要素に分解する．図1.3に示すように，走行環境を認識し，移動目標位置，目標速度などの目標値を生成する目標値生成エージェントと，上記目標値を実現するべくエンジンやブレーキなどのアクチュエータに最適な制御目標値を分配し，車両全体として目標を実現する目標値達成エージェントに分類できる．エージェントとは，作業や行動を仲介する機能ブロックを指す．従来の自動車技術研究・開発は，目標値達成エージェントにおいて，いかに機械システムの効率や制御成績を向上させるかが主たる検討動機となっていた．その結果，燃費，静粛性向上，あるいは加速性向上のための制御といった技術が確立されてきた．一方，目標値生成エージェントは，ドライバの機能そのものであり，この領域に自動車の制御は立ち入らなかった．

しかし，自動車系を人間と知能的な機械の協調的システム[1.8]と考えるなら

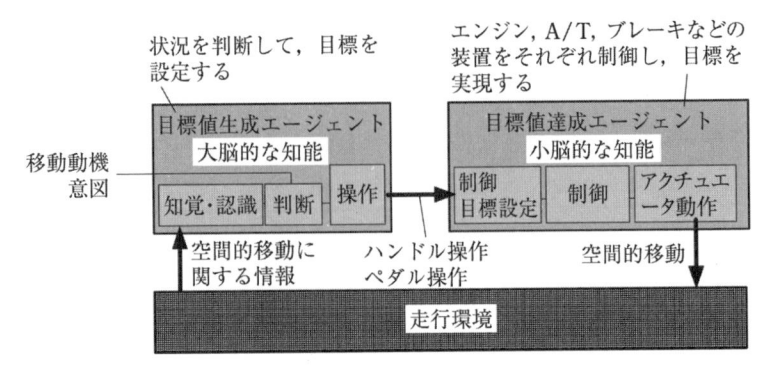

図1.3 自動車運転系の機能構成

ば，前述した目標値達成エージェントの設計において，人間に関わる評価関数が組み込まれる必然性がある．ドライバにとって心地よい加速性や安心できる制動制御といった評価関数に関する研究は，人間にとって扱いやすい機械をつくるための新しい車の設計指針が必要となる．

上述した ITS の将来像の一つは，自律的な自動走行によりドライバを煩雑な運転操作から解放し，かつヒューマンエラーの発生をなくすことである．これは，従来ドライバが行ってきた機能である目標値生成エージェントを知能機械によって代替することにほかならない．すなわち，知能機械が人間と同じような情報を処理する必要がある．人間が運転時に扱う情報の 90 % 以上は視覚的な情報[1.9]であることから，知能機械が目をもつ必要がある．

このように，目標値達成エージェントの設計規範にドライバの扱いやすさに関する評価関数を考慮するだけでなく，ドライバ操作に内包された状況の知覚・認識などの機能を工学的に機械の知能として実現しなければならない．前述した大脳的知能化技術と小脳的知能化技術の視点と比較するならば，目標値生成エージェントを構成する技術が大脳的知能化技術であり，目標値達成エージェントの大部分を構成する技術が小脳的知能化技術と位置づけることができる．次に，目標値生成エージェント内に構成される知能化技術の課題に言及する．

1.5 運転支援のための知能化技術

ITS で代表的な運転支援装置である ACC (Adaptive Cruise Control)[1.10] について説明する．ACC は，前方車両との車間距離を車載レーダなどで測定し，前方車両との車間距離が十分長いとき，アクセルを踏まなくてもドライバがあらかじめ設定した走行速度で走行する．一方，前方車両との車間距離が短くなってきた場合，車間距離を一定に保つように制御モードが変わり，速度を落とし所定の車間距離を維持しながら前車に追従する．急な減速操作や操舵は手動で行われるが，高速道路でのアクセル操作は基本的に自動化される．ここでは，ACC 車両に乗っているドライバが，車間距離に対して近すぎたり，遠すぎたりという違和感をもたないように制御する必要がある．

図 1.3 に運転支援装置を導入したときのシステム像を図 1.4 に示す．人間 -

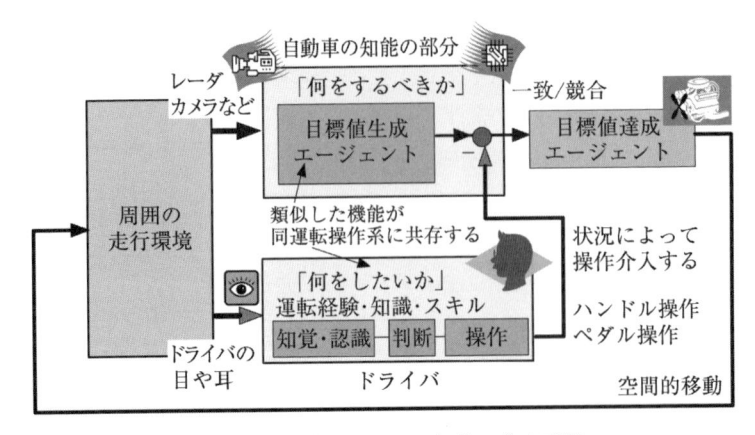

図1.4 運転支援における知能の介入形態

機械協調系として，目標値生成エージェントがドライバ機能と並列する形で配置される．ドライバは，自己のもつ車両挙動期待と，実際に車間距離制御された実挙動を観測し，その違いが大きいとき違和感を覚える．ドライバと共存するための問題として，ドライバに違和感を与えないドライバと協調する知能化技術が必要となる．この実現手段としては，さまざまな方法による検討がなされている．ソフトコンピューティング手法がもつ処理過程における観測データ値の ゆらぎの許容[1.11]や 入出力関係の学習，汎化性などの多様な対象への適用的な機能[1.12]，そして非線形性，人間思考などの過程に類似したと考えられる方法論[1.13]としてソフトコンピューティング手法が利用されている．詳細については後述する．

1章では，車の歴史，設計規範の変化および自動車運転系の検討視点分類などについて多様な観点から概観した．以降の章では，これらの観点を具体的に説明していく．

2章　ITS車両の目指すもの

　電子技術の粋を集めた自動車先進化のプロジェクトとして，ITS (Intelligent Transport Systems：高度道路交通システム) を1章で紹介した．自動車にレーダやカメラなどのセンサを車載し，道路にもセンサなどを設置して高機能化する．同路側からの情報と車両が得た情報を融合し，安全で効率的な道路交通を実現しようとする世界的なプロジェクトである．
　2章では，ITSについて詳細説明する．

2.1　ITS車両の実際

　近年のITS技術を実際の適用例を用いて紹介する．まず，将来の完全自動運転を目指したデモンストレーション例を示し，その後，すでに商品化されている具体例について紹介する．

2.1.1　自律走行車のデモンストレーション

　1996年，上信越自動車道路の小諸ICより未開通部分の東部-湯の丸ICまでの往復道路11 kmを利用して，実際に道路側にインフラを設置して公開実験[2.1]を行った．図2.1に，公開実験時の車両システムと道路側設備の構成例を示す．道路に沿って漏洩同軸ケーブル(LCXケーブル)が設置されており，道路側と車両側の相互通信(路車間通信)と車同士の通信(車-車間通信)が可能で，事故の発生や場所を即座に各車両で共有することができる．また，道路舗装面に永久磁石(磁気ネイル)を等間隔に埋設し，車載側に設置された磁気センサで道路上の磁石をトレースするように車両を誘導するシステムを具現化した．これにより，道路インフラと車両システムの協調制御により，自律走行実現の技術的可能性を示すことができた．しかし，現実問題として，等間隔に磁石をすべての道に埋める膨大な費用や車両側のシステムコスト，道路メンテナンスなどの問題などがあり，日本全体への早急な普及は容易ではない．

12   2章　ITS車両の目指すもの

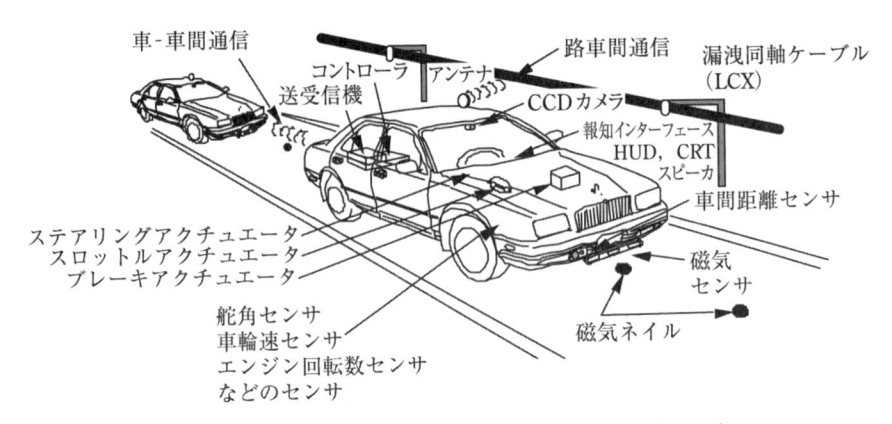

図2.1　道路インフラと車載システムによる自律走行運転

　こうした状況を受けて，車両に搭載されたセンサからの情報のみに基づきITSを構成する車両制御システムがすでに市場に普及し始めている．「走る・曲がる・止まる」で表現されるそれぞれの知能化商品例を紹介する．

2.1.2　「曲がる」知能化：LKS [2.2]

　LKS (Lane Keep Support System) は，**図2.2**に示すように，車の前方に設置されたカメラにより高速道路の左右白線を検出し，白線の中央を自車が走行しやすいようにステアリングの反力を制御する．したがって，高速道路を走行する場合，軽くハンドルに手を添えているだけで自車走行レーンの中央を走ることができる．ドライバが車線変更したい場合，システムが走行車線の中央に車両をとどめようと強力に反力を発生すると，ドライバの車線変更操作を妨害することになる．そこで，ドライバの操舵力をモニタし，ドライバが車線変更する意図をもっているのか，ハンドルの遊びの範囲で操舵変位が発生しているのかを判定している．また，車線変更であると判定した結果，突然反力がなくなると，操舵操作の違和感につながる．そこで，自然に車線変更ができるように，操舵反力制御には多くの工夫 [2.3] が施されている．

　反力制御とはいえ，操舵操作系を制御することから，高速道路上の白線を高速に正確にトラッキングする必要がある．白線が汚れて十分認識できにくい箇所，日中のトンネル出入口などの撮像のダイナミックレンジが大きく変化する場所および分岐，合流などで白線の表示状態が変化する場所などでも，正確に

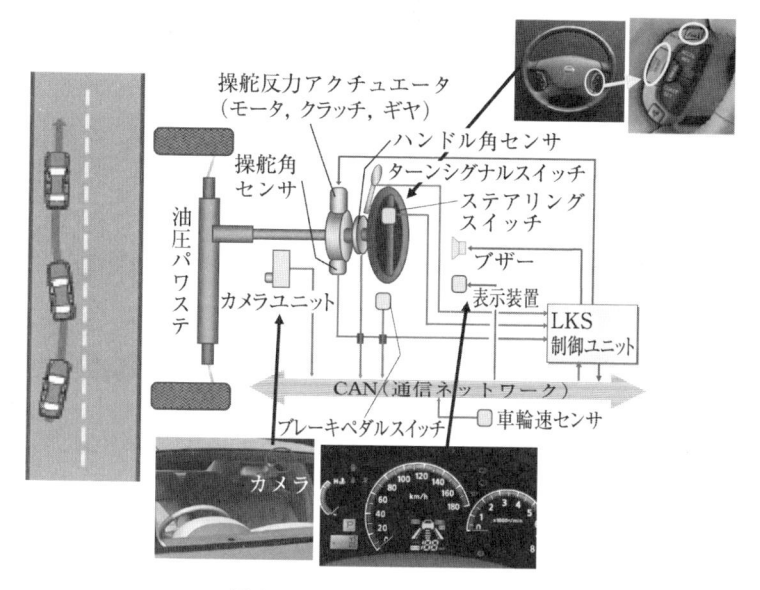

図 2.2　LKS システムの構成図

白線をトラッキングする必要がある．高速道路の車線幅や道路曲率範囲は，法令で決められているため，高速道路のみでの使用を限定することによって観測すべき範囲や曲率が限定され，また片側の白線を見失っても車線幅が決まっていることから，それを前提知識として活用することにより，ある程度レーンを確実に推定することができる．

2.1.3　「走る」知能化：ACC [2.4]

高速道路を長距離運転する場合，アクセルペダルをほぼ同じ開度で踏み続けなければならないので，足が疲れることがある．そこで，ACC (Adaptive Cruise Control System) のスイッチを ON にすると，エンジンスロットル開度が直接車速によって制御されるため，アクセルペダルから足を離しても，スイッチを ON にしたときの車両速度を自動的に維持する．しかし，自車線前方に自車走行速度よりも遅い車がいた場合，一定速度を維持していれば追突してしまう．そこで，車載レーダなどによって先行車との車間距離を計測し，追突しないように

表示

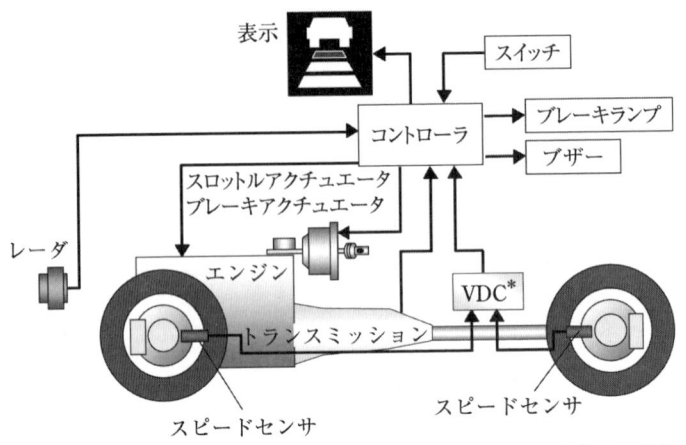

スイッチ

コントローラ

ブレーキランプ

ブザー

スロットルアクチュエータ
ブレーキアクチュエータ

レーダ

エンジン

VDC*

トランスミッション

スピードセンサ

スピードセンサ

＊VDC：Vehicle Dynamic Controller（車両の動的安定性を確保する装置）

図2.3　ACCシステムの構成図

自車の走行速度を自動的に調節する．これにより，先行車と一定の車間距離を維持しながら走行することができる．システム構成を図2.3に示す．

ドライバの加減速操作の一部を代替する運転支援装置である．先行車を追い越すときにハンドル操作の支援は行わない．キー技術としては，どんな道路状況でも先行車を見失わない正確な検出技術が必要となる．高速道路での使用に限定することにより，交差点や道路を横断する歩行者などを考慮する必要がなくなる．

2.1.4　低速追従機能付加ACC [2.5]

2.1.3項のACCの機能を渋滞時などの低速域まで拡大したシステムである．基本的に前述したACCと類似したシステム構成であるが，動作範囲の速度域が広い．また，発進・停止を繰り返す場面で利用できるように機能が拡張されている．

年末年始や行楽シーズンでの高速道路の渋滞では，頻繁に発進・徐行・停止を繰り返す．そうした高速道路での渋滞時に，この装置があれば大幅に運転操作負荷が軽減されると考えられる．すなわち，渋滞時，前方の車が停止した場合，一定の速度まで自車の速度を自動的に低下させ，最終的な停止のためにブレーキ操作をドライバに促す．停止は，ドライバが手動でブレーキを踏むこと

によって実行される．一方，前の車が動き出したとき，ドライバが周囲を確認してアクセルを踏み，再度追従機能に移行する．これにより，渋滞時の低速追従走行が容易になる．しかし，2.1.3項のACCの速度に関する制御仕様を変更すれば，即座に低速追従機能付ACCが実現できるわけではない．停止するということは，自動車によって走行時とは違うモードに入ることを表している．したがって，停止することにより発進時に周囲の安全確認が必要となる．また，走行速度が低速になるにつれて自動車周囲に存在する障害物の介入機会が多くなる．

周囲の障害物とは，隣の車線を走行する車や二輪車などである．時速100 km/hで走行しているときは，ある程度の車間距離をもって車両に接近するが，時速10 km/hほどになると，かなり近い距離で自車線上に車線変更することも考えられる．つまり，周囲の危険に対するリスクが低速化することによって大きくなるのである．この意味で，自転車や歩行者といった慣性が小さい移動体は，その挙動が予測しにくく，また急接近することも考えられるので，低速時には極めて注意すべき対象である．ただし，高速道路での使用を限定していることから，自転車や歩行者の介入はあまり考えない．しかし，一般道での停止・発進支援を考えるとき，この危険リスクをどう扱うかが大きな問題となる．

2.1.5 「止まる」知能化：PCB [2.6]

最近，テレビCMなどで話題になっているEyeSight [2.7] は，バックミラー付近に取り付けられたステレオカメラで前方の道路状況を観察するシステムである．ステレオカメラとは，カメラを2台，約300 mmほど水平方向にずらして同時撮像し，二つのカメラの視差から前方障害物までの距離を測定する．またカメラであることから，対象物の輪郭を抽出したり，動きを検出したりすることにより撮影視界内の物体を検出することができる．

前方障害物を発見すると警告灯表示や音による警報を行い，それにもかかわらずドライバのブレーキ操作がない場合は，自動的にブレーキをかけ，衝突を回避しようとする．仮に障害物に衝突しても，事前にブレーキ制御を行い，速度を減少させているので，衝突速度が低減し，結果的に衝突による被害も軽減する．図2.4に，PCB (Pre-Crash Braking System) のシステム構成を示す．

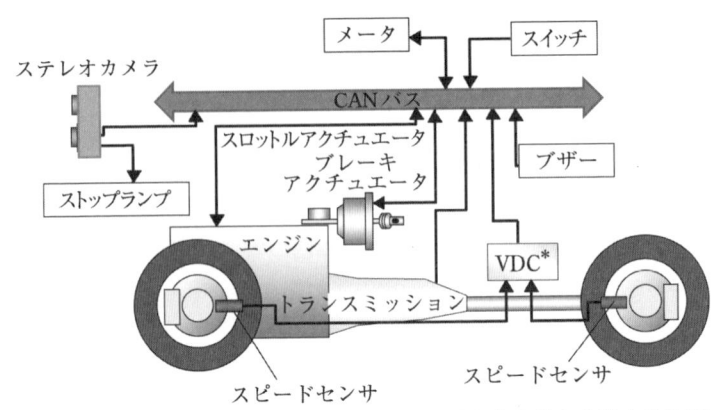

*VDC：Vehicle Dynamic Controller（車両の動的安定性を確保する装置）

図 2.4　PCB システムの構成図

2.2　運転支援装置市場投入時期とそれを可能にした技術

　主に安全を目的とする運転支援装置の日本国内市場投入時期と，各装置の技術的な発展経緯を**表 2.1** に示す．縦軸に日本国内市場での発売時期を，また横軸にドライバが運転時に行う「知覚・判断・操作」機能に対する支援内容を示す．

　まず，最も早く市場に提供された運転支援装置の一つとして後退時に後方状況を監視するバックモニタがある．ドライバにとって見えにくい場所を撮像し，その映像を表示するという知覚支援は，対象の検出・判断などの難しさを含まないことから，市場への投入は早期であった．この装置を知能化装置と呼ぶのは多少抵抗があるが，その技術的流れは，T 字路などで前方左右からの接近車両をわかりやすく表示するブラインドモニタ，視点変換技術により俯瞰的に周囲像を表示することで駐車支援を行う周囲モニタなどに発展する．知覚支援装置は，視野の拡大に伴い，単にカメラ画像を表示していた装置から人間が見て判断しやすい情報に加工して表示する装置に発展した．

　一方，判断支援，操作支援に目を転じる．高速道路限定ではあるが，レーダによる車間距離計測やカメラによる道路白線認識などリアルタイム信号処理の信頼性向上により，前方車両との車間距離警報と車間距離自動制御 (ACC) が実

2.2　運転支援装置市場投入時期とそれを可能にした技術　17

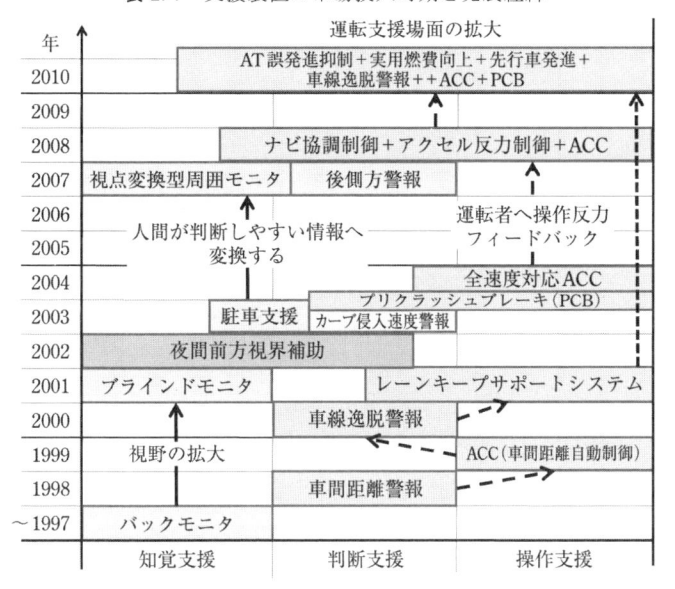

表 2.1　支援装置の市場投入時期と発展経緯

年	知覚支援	判断支援	操作支援
2010		AT誤発進抑制+実用燃費向上+先行車発進+車線逸脱警報++ACC+PCB	
2009			
2008		ナビ協調制御+アクセル反力制御+ACC	
2007	視点変換型周囲モニタ	後側方警報	
2006			運転者へ操作反力フィードバック
2005	人間が判断しやすい情報へ変換する		
2004			全速度対応ACC
2003		駐車支援　カーブ侵入速度警報	プリクラッシュブレーキ(PCB)
2002	夜間前方視界補助		
2001	ブラインドモニタ		レーンキープサポートシステム
2000		車線逸脱警報	
1999	視野の拡大		ACC(車間距離自動制御)
1998		車間距離警報	
~1997	バックモニタ		

現し，続いて横方向の車線逸脱警報とレーンキープサポートシステム (LKS) が市場に展開されている．道路曲率範囲が限定され，歩行者がいないことを前提にできる高速道路での操作支援から，適用場面を拡大しようとする技術発展の流れは，一般道路において，操舵回避不可能な衝突場面におけるブレーキを自動的に作用させ衝突速度を低下させるプリクラッシュブレーキ (PCB) 技術へと発展した．カメラやレーダとナビゲーションシステムから得る前方地形・交通情報を統合判断し，またアクセルペダルの操作反力を状況に合わせて変化させる運転支援装置など，運転支援場面が多様化した．2010 年に市場に投入された運転支援装置[2.7] では，カメラで前方の状態を認識し，AT 車の誤発進防止や実用燃費向上のためのエンジン・パワートレイン制御など，さらに運転支援場面が拡大している．

　運転支援装置が市場に投入できたキー技術について技術的な視点で整理したものが 表 2.2 である．横軸は日本国内市場投入時期で，運転支援システム名が記載されているボックスの左端が市場投入時期である．縦軸は商品化の難しさを定性的に表現している．表 2.2 の縦軸の商品化難易度は，検出信頼性など

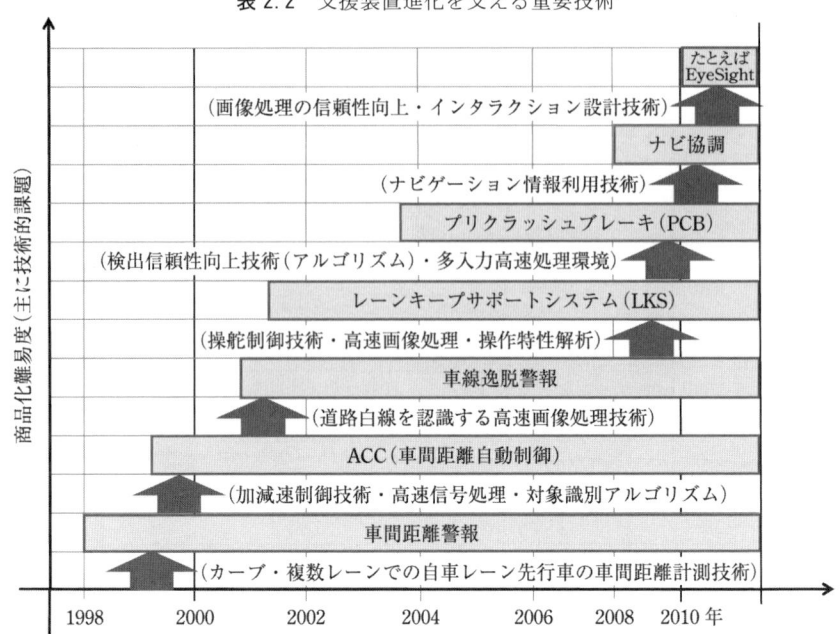

18 2章 ITS車両の目指すもの

表2.2 支援装置進化を支える重要技術

時期	システム	キー技術
1999〜	車間距離警報	(カーブ・複数レーンでの自車レーン先行車の車間距離計測技術)
2000〜	ACC (車間距離自動制御)	(加減速制御技術・高速信号処理・対象識別アルゴリズム)
2001〜	車線逸脱警報	(道路白線を認識する高速画像処理技術)
2003〜	レーンキープサポートシステム (LKS)	(操舵制御技術・高速画像処理・操作特性解析)
2005〜	プリクラッシュブレーキ (PCB)	(検出信頼性向上技術(アルゴリズム)・多入力高速処理環境)
2007〜	ナビ協調	(ナビゲーション情報利用技術)
2009〜	たとえば EyeSight	(画像処理の信頼性向上・インタラクション設計技術)

縦軸：商品化難易度（主に技術的課題）

の技術的課題，それを実現するためのシステムコスト，あるいは社会的なコンセンサスなどが包含された技術的な難しさを表している．各システムの矢印のそばに記載した技術名称が商品化を実現したキー技術である．

たとえば，カーブや複数車線道路で自車レーン内の先行車との車間距離を正確に測定する技術が確立されたことで，車間距離警報が市場に投入できた．その後，自動車の加減速制御技術，リアルタイム信号(画像)処理技術，また対象を識別するアルゴリズムの改良などにより，センサからの信号で車両挙動を制御できるようになった．さらに，高速演算処理環境下で外乱に強い道路白線認識アルゴリズムが開発されてLKSの商品化が実現した．

また，ドライバにとって自然な操舵反力制御を実現するために，ドライバの操舵特性解析などの知見も利用されている．さらに，多数の情報を高速に処理する演算処理環境と存在するのに検出できない非検出や存在しないのに存在すると判断してしまう誤検出が起こりにくい信頼性の高い検出アルゴリズムの開

発により，プリクラッシュブレーキや多様な運転支援が行えるアプリケーションが商品化できた．

ドライバの運転操作に対して邪魔にならないような運転支援方法 (Distraction, Automation Surprise [2.8]) の設計指針など知能のある機械と人間との関係をどのように設計するかというポリシーも商品化に向けての重要な要素となる．今後も，ナビゲーションデータやステレオ画像データ，レーダ信号などを高速に解析処理し，信頼性の高い対象物検出アルゴリズムの研究が進むであろう．

2.3 運転支援の余裕時間と支援内容

運転支援において，自動車の知能がドライバにどのように働きかけるかを説明する．たとえば，PCB を例に知能化された車とドライバとの関係を時間軸に着目して考える．図 2.5 において，前方障害物に衝突する時刻を 0 とおく．縦軸は，衝突するまでに自動車がとりうる空間的な挙動の自由度を示し，挙動自由度とする．横軸は，衝突までの余裕時間を表す．余裕時間については，国連欧州経済委員会の自動車基準世界フォーラム (WP29) で定める警報のガイドラインがある [2.9]．

衝突 120 秒～10 秒程度前は，ナビゲーション装置で前方渋滞情報を提示した

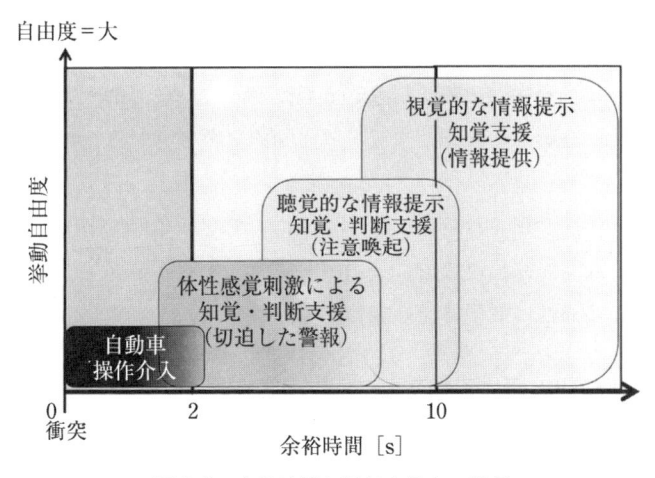

図 2.5 余裕時間と運転支援との関係

り，「前方障害物あり」などの視覚的な情報提供が一般的である．ドライバは，操舵操作で障害物を回避したり，減速・停止したり，これから接近する危険に対して準備を始める．この時点で，ドライバがとりうる車両挙動のパターンは多数ある．したがって，この状態のときに自動車が自動的にブレーキをかけたりすると，いろいろとりうるドライバの期待を阻害することになる．

一方，衝突10秒～2秒においては，迫りくる危険に対してすばやく注意誘導しなければならない．そこで，聴覚的な警報や体性感覚を刺激する振動などにより危険を報知する．ここでドライバがとりうる行動は，10秒以上前よりも制限され，障害物を回避するための空間的な車両軌道や停止するまでの速度変化の多様性も大きく制限されてくる．それが，挙動自由度が小さくなるということである．

そして，2秒以内になると，もはやドライバにブレーキ操作を働きかける警報では間に合わず，自動的に急ブレーキをかけ，衝突を回避するしか自動車の挙動選択の幅はなくなる．挙動自由度を運転支援装置がとりうる支援方策と考えれば，ドライバの選択する挙動と知能機械である運転支援装置が選べる挙動が唯一同じなるときが2秒以内の自動介入時といえる．逆にいえば，余裕時間が2秒以下になって，初めてドライバの車両挙動に対する選択の余地がなくなり，知能化自動車としてドライバの邪魔にならない運転支援ができることになる．

ここで示したように，自動車としてセンシング性能を向上させ，高い検出信頼性をもつ障害物検知が実現したとしても，ドライバに提供する情報の形態やタイミングなど自動車の知能とドライバの知能を整合させるための構造的課題がある．

一方，余裕時間が短くなるにつれて警報によるドライバ判断・操作の時間遅れが許容できなくなり，直接的に車両制御に介入する必要が生じる．選択しうる車両挙動の多様性は制限され，相対的位置関係によって一意的に決定される軌道をトレースすることになる．この余裕時間と運転支援の多様性との関係について，M. Brackstoneら[2.10]やT. Acarmanら[2.11]が提案するように，余裕時間ごとに運転支援形態の変化を考える視点も重要な検討課題である．

余裕時間が大きいときは,センサに求められる正確さよりも,広い範囲を観測することによる「とりうる車両挙動」のパターンを把握(予測)できることが重要となる.一方,余裕時間が減少するにつれて,車両が選択できる車両挙動の自由度は減少し,それとともに,センサによって検出するべき周囲対象物の検出精度が高くなる.このときの制御支援のパフォーマンスは,自車と対象の相対的位置関係を正確に把握するセンシングの精度や車両挙動を制御するアクチュエータの応答性などに大きく依存する.このバランスをどのように高次元で均衡させるかが重要である.すなわち,センシングの検出(測距)精度を向上する視点ととりうる車両挙動ごとの運転支援内容との関係を検討する必要がある.

表 2.3 に示すように,市場投入されたシステムの多くは,図 2.5 の余裕時間の比較的少ない,とりうる車両挙動パターンの限定された領域をカバーしている.一方,それと異なった技術的流れも存在する.一つは,イベントを何に規定するかという視点である.たとえば,Ching-Yao Chan ら [2.12] は,車両が斜め後方から追突されたときに,車両の横方向制御を行うことにより,全体交通流の中で被害が減少する可能性を示した.これは,LKS などでレーンを逸脱しないように制御する発想をさらに深め,事故時の車両の姿勢制御に利用しようとする試みである.また,別の運転操作支援の方向として,余裕時間が大きい領域に着目したシステムもある.たとえば,Amditis ら [2.13] は,センシング情報

表 2.3 運転操作支援の新しい流れ

運転操作支援	市場投入されたシステムの有する代表的な機能	提案されているシステムの有する機能
走る	高速道路走行時,先行車と所定の距離を維持するように自車速度を制御する機能	———
曲がる	高速道路走行車線内を走行するとき,車線追従の負担を軽減するように操舵反力などを制御する機能	後方追突時など車線内に車両位置を制御し,車線外に飛び出すことによる被害拡大を軽減する機能
止まる	操舵による危険回避が不可能な領域において,被害を最小限にするために,走行速度を制御(抑制)する機能	個々のドライバの運転特性(運転技量)に基づき,良好な運転パフォーマンスを実現するように,自動車制御系のパラメータを適応的に変化させる機能

や車両情報からドライバ特性を推定し，状況のリスクを評価しながら制御運転支援戦略を動的に変化するアイディアを提案している．また，先述したAcarmanら[(2.11)]は，余裕時間のあるときにドライバの運転特性を観察し，疲労時やイライラしたときなどに制御介入する新しい制御型運転支援の基本的な考え方を提案している．今後，運転支援の新しい視点が現実味を帯びてくると，車の知能化研究もさらに興味深いものになると考えられる．

2.4 ITSに関するキー技術

ITSで扱われるさまざまな運転操作支援を行うシステムを構成するためのキー技術を図2.6に示す．その中心的技術は，確実に対象を捉えるためのセンシング技術と，人間の運転操作を邪魔しないで共存できるヒューマンマシンインタラクションの技術である．この二つのコアキー技術の周辺に実時間画像処理やドライバのモデル化などの具体的な方法論が存在する．また，電子的にアクセル，ハンドルやブレーキを制御するControl by Wire技術も運転支援にとって重要な要素技術と考えられる．

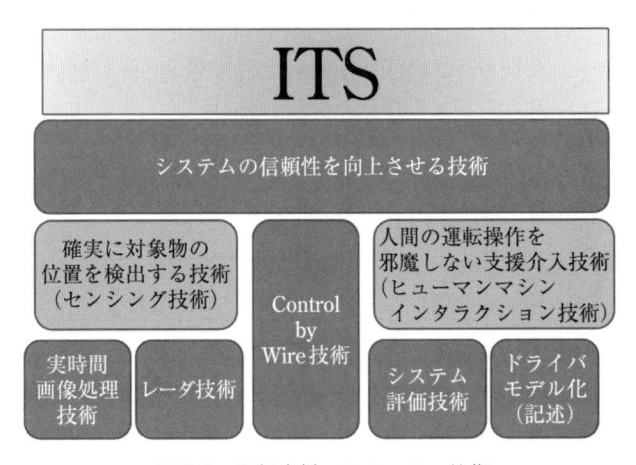

図2.6 運転支援のためのキー技術

2.4.1 センシング技術全般

センシング技術は，車両周囲の物体の位置，移動速度などを検出する場合と車内の乗員やその状態をモニタする場合に分類される．一般的に，リモートセ

ンシングは，車間距離のような物理量を直接計測せず，電波の伝達遅延時間や画像の特徴として間接的に推定する．したがって，検出精度をいかに向上させるかが大きな課題となる．さらに，対象が存在しているのに検出できない非検出や対象が存在していないのに，ほかの外乱要因を対象物の特徴と誤って判断する誤検出などがある．こうした検出精度向上の課題は，センシングデバイスの構造的な改良によって解決される要因と検出アルゴリズムといった信号処理手法の改善によって検出率が向上する要因が挙げられる．デバイスの改善は，計測原理の変更や高 S/N 比を獲得するための機構，素子構造の改善などがある．

一方，センシングデバイスからの情報を処理して対象物の位置を算定するアルゴリズムの改善策については，図 2.7 に示すように，対象物を検出する特徴量を Heuristic (経験則) として人間が見つけ出す手法から機械学習や非手続き型のプログラム記述による入出力関係の自己組織化などに発展する技術的動向が見られる．このアルゴリズム進化により，多様な対象物が確実に認識できるようになる．

機械学習や非手続型のアルゴリズムになることによって検出対象の特徴を的確に記述することができるようになり，その結果として検出精度も改善される．人間にとって，対象物は車や人といった意味をもつものであるが，機械によるセンシングアルゴリズムにとっては，単なる形状，パターンであり，それぞれの特徴を抽出し，自車の挙動と関連づけて危険性を判断するためには，高

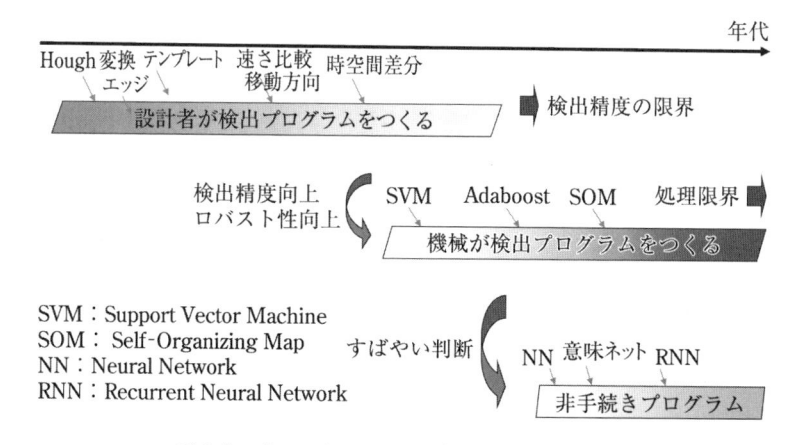

図 2.7　リモートセンシングアルゴリズムの進化

次な枠組みが必要となる．

2.4.2 センシングデバイス

　周囲空間の状況を把握する手法は，一般的にリモートセンシングと呼ばれ，センシングデバイスとセンシングアルゴリズムの課題に分けられる．リモートセンシングデバイスは，図 2.8 に示すように，カメラのように情報を受動的に捕らえるパッシブ型のデバイスと電波などを照射し，その反射波から対象物を捕らえるアクティブ型のセンサ原理をもつデバイスに分類される．

　こうしたリモートセンシングにおいて，近年注目されているミリ波レーダについて簡単に紹介する．変調された電波を発信し，検出対象物からの反射波を受信して信号処理することにより，対象物までの距離を測定する．ACC などで利用する車載用ミリ波レーダとしては，複数の変調方式のレーダが開発されている[2.14]．一般的に，雨，霧，先行車のスプラッシュ (ぬれた路面走行時の水滴はね上げ) などの影響を受けにくい．また，ミリ波レーダの形式によっては，相対速度を送信電波のドップラーシフトにより直接測定することができ，距離情報を逐次微分して得る方法に比べて，すばやく良好な S/N 比で相対速度を測定することができる．

　一方，先行車後方からミリ波ビームを照射した場合，先行車の後部 (ナンバープレートやリアコンビネーションランプなどが配置されている面) に対応す

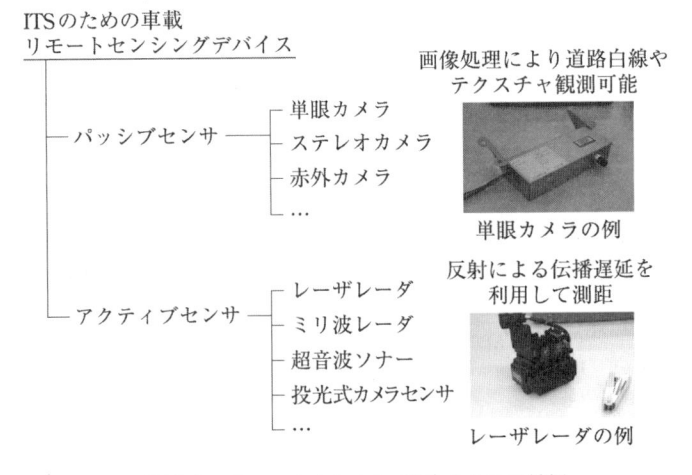

図 2.8　リモートセンシングデバイスの種類

る平面から反射波強度分布が一様に得にくく，先行車からの反射とは考えにくい極めて不均一な反射波強度分布として観測される．したがって，この不均一な分布パターンを信号処理することによって，1台の車両の後部反射面として認識する必要がある．また，ガードレールなどの道路構造物からの反射波の到来もあり，道路形状として，反射波がどのような前方走行状況を表象したミリ波反射パターンであるかを理解するアルゴリズムが必要となる．

図 2.9 に，ミリ波による前方道路車両状況理解の様子を示す．時間的な反射波強度パターンの変化などから前方の車を認識する．ミリ波では，道路車線 (白線) が検知できないため，ハンドル操作角などから自車の進路を推定し，高速道路の道路構造に関する知識を用いて自車線と他車線を区別している．

図 2.9 において，左がミリ波レーダパターンから推定した道路内車両配置図で，右の写真が，実際の車両配置状況を示したものである．右上の数字は，強い反射電波に対して，対象物 (車両) を対応づけるための対象物の候補を表している．左の図では，それぞれ数点の反射電波のピークから枠でくくった範囲を車両と認識している．ミリ波レーダは，世界的に電波法上の規制を受けている．日本では，ACC などの長距離測距用の 77 GHz 帯，車両実験用の 60 GHz，そし

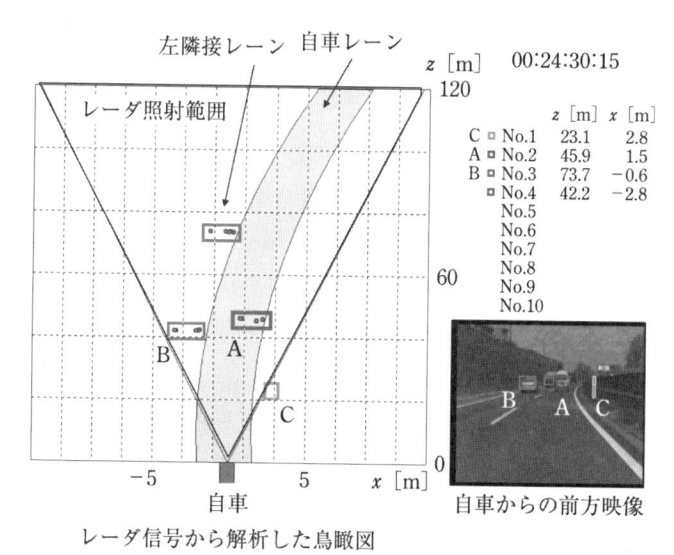

図 2.9 ミリ波レーダの信号処理結果

て近傍の障害物検知を目的とする 24 GHz 帯がある．上述したミリ波の特長的機能は，安全分野のアプリケーションと親和性が高く，ミリ波レーダは車両周囲を検出するための重要なデバイスとして市場が拡大すると考えられる．

2.4.3 ヒューマンマシンインタフェース (HMI) 技術に関する課題

完全に自律走行をする場合は別として，ドライバの運転操作を補助する運転支援システムとしての HMI (Human Machine Interface) は，情報の表示，警報，そして運転操作への介入 (制御介入) の三つの段階に分けることができる．それぞれの段階に的確な HMI が設計され，ドライバの操作意図と運転支援装置の支援意図が整合しなければならず，「余計なお世話」になる運転支援は好ましくない．この意味で，ドライバの操作意図を推定するためのドライバモニタリングは，重要なキー技術となる．本項では，ドライバモニタリングを適用した技術として，ドライバの覚醒度を推定するシステムについて紹介する．

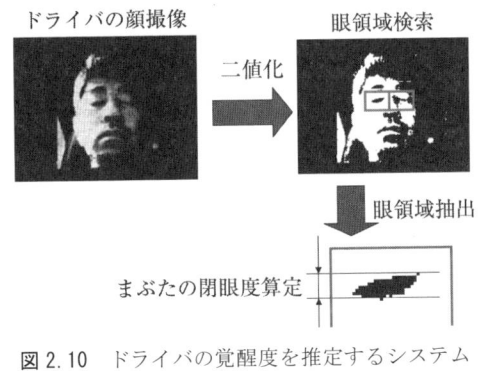

図 2.10 に示すように，メータ付近に設置された CCD (撮像素子) によって撮像されたドライバの顔画像から眼の部分を検索し，目の周囲の画像

図 2.10 ドライバの覚醒度を推定するシステム

を切り出す．切り出された眼の形から閉眼，開眼を定量的に評価する手法 [2.15] や，眼に投光した光でできた網膜反射像と角膜反射像との位置関係をもとに視線計測する手法 [2.16] などがある．覚醒度を目から検出するためには，直射日光，対向車のライトなどの光学的外乱に影響されず，眼鏡着用や顔の向きの大きな変化に対応できなければならない．ドライバが前方を確認し，そのことを意識しながら意図的に前方車両に接近しているのに接近警報が鳴り続けるのは，「余計なお世話」である．

一方，ドライバの覚醒度が低下している場合，接近警報は「有益な情報」を提供する．「対象物に接近している」というリモートセンシング情報も，ドライバの状態によって大きく情報の価値が変化する．覚醒度のモニタリング手法を

ベースに，ドライバ挙動のモニタリング，もしくはドライバの操作意図の推定などに発展し，それらの技術が知能機械と人間の接点で重要な技術になっていくと考えられる．

2.5 自動車機械としての安全性

ここでは，消費者に安全な製品を提供するためのメーカーの技術，今後の課題について解説する．自動車は，消費者にとって安全であることが商品力の大きな訴求点となる．特に，自動車と事故との関わりの中で自動車の安全を考える．事故に達するまでの時間的余裕によって，図 2.11 に示すような三つのフェ

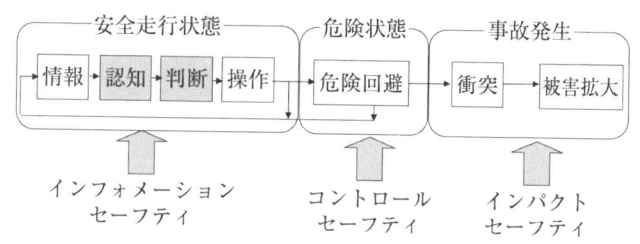

図 2.11 事故発生過程と三つの安全

ーズに分類できる [2.17]．

事故発生時のインパクトセーフティに関しては，衝突時のエネルギー吸収を高める車両構造やシートベルト，エアバックなどの効果的な適用などの技術が中心となる．また，危険な状態を回避しやすくするコントロールセーフティでは，ABS (Antiskid Braking System)，VDC (Vehicle Dynamic Control) など，数々の車両挙動制御技術が挙げられる．一方，情報を提供することにより危険予知をしやすくするインフォメーションセーフティの取組みでは，ヘッドライトの配光制御，ナビゲーションなどの技術がある．そして，現在注目されているのが，インフォメーションセーフティとコントロールセーフティをつなぐ運転支援システムによる安全性確保のアプローチである．運転操作という機械と人間が相互に動的に関わり合う系において，不安全な状態をいかに回避するかは，重要な課題である．以下，この視点から検討する．

運転支援形態としては，表 2.4 [2.18] に示すように，人間の運転行動における機能を代替，もしくは補強する形で支援が分類される．具体的には，前方障害

表 2.4 運転支援形態と機能

支援の形態	機能名	機能の内容
認知の支援	知覚機能拡大	視覚支援を中とした知覚機能の拡大
	情報提供	運転支援のための情報提供
		注意喚起のための情報提供
判断の支援	警報	危険状況に対する回避動作指示のための警報
操作の支援	事故回避支援制御	緊急時の危険回避のための車両側の判断に基づく制御
	運転負荷軽減制御	ドライバの運転操作の負担軽減や技量を補うための支援

物衝突防止支援システム[2.19]，車線逸脱防止装置[2.20]などが挙げられる．こうした運転支援システムが運用されるためには，ドライバの意思を尊重し，ドライバの意思に反しない範囲で必要最小限の運転支援を行う「ドライバ支援」，ユーザフレンドリーな技術である「ドライバ受容性」，そして広く社会に受け入れやすい「社会受容性」の 3 点[2.18]が重要であるといわれている．以下では，具体的に前方障害物衝突防止支援システムの一般的な作動例を示す．

図 2.12 に，単純化した前方障害物衝突防止支援のシステム構成例[2.21]を示す．レーダ，カメラといったリモートセンシングデバイスによって前方の障害物を検出する．検出直後，警報ランプや警報音などを発生し，ドライバに前方への注意を喚起する．しかし，ドライバの制動操作が行われず，障害物に接近している場合，自動的にブレーキが動作する．一連のこうしたシステム挙動とドライバの障害物知覚との関係を考えると，表 2.5 に示す Sheridan の自動化レベル[2.22]において，衝突までの時間によってレベル 4 からレベル 7 へ変化して

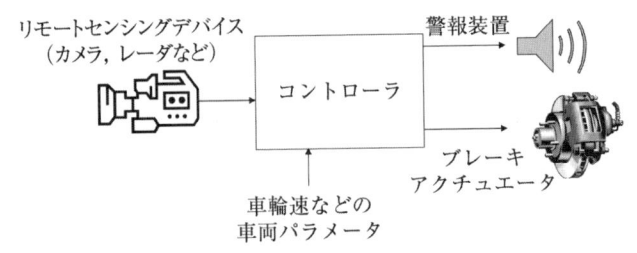

図 2.12　前方障害物衝突防止支援システムの構成例

いることがわかる．

図 2.5 と関連して，図 2.13 に，衝突までの時間と，そのときにドライバがとりうる車両挙動選択の自由度との関係を示す．衝突までの時間が十分あるとき

2.5 自動車機械としての安全性

表2.5 人間とコンピュータの自動化レベル分類

Level 1	コンピュータの支援なしに，すべてを人間が決定し，実行する
Level 2	コンピュータはすべての選択肢を示し，人間がそのうちの一つを選択して実行する
Level 3	コンピュータは選択可能な選択肢をすべて提示し，その中の一つの選択肢を提案する．ただし，それを実行するかは人間が決定する
Level 4	コンピュータは選択可能な選択肢の中から一つを選び，それを人間に提案する．ただし，それを実行するかは人間が決定する
Level 5	コンピュータは一つの案を人間に提案する．人間が了承すれば，コンピュータがそれを実行する
Level 6	コンピュータは一つの案を人間に提案する．人間が所定の時間内に提示案に対する実行中止を指令しない限り，コンピュータはその案を実行する
Level 7	コンピュータがすべてを行い，何を実行したか人間に報告する
Level 8	コンピュータがすべてを決定・実行する．人間にたずねられれば，何を実行したか人間に報告する
Level 9	コンピュータがすべてを決定・実行する．報告の必要性をコンピュータが認めたときのみ，何をしたかを人間に報告する
Level 10	コンピュータがすべてを決定し，実行する

は，減速したり，走行レーンを変更したり，路肩に停車したり，車両挙動選択の自由度が大きい．こうした自由度が大きい場面で，最適な車両挙動を運転支援システムが自動的に設定することは容易ではない．なぜなら，選択可能なすべての挙動の最適性を客観的に評価するための情報が十分に得られないからである．

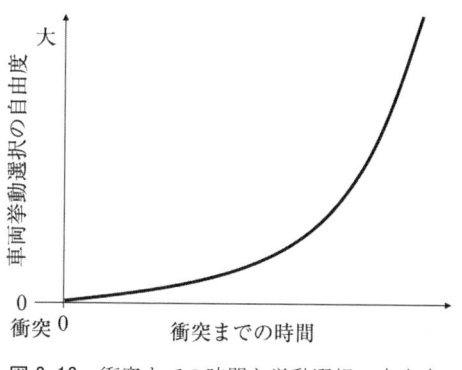

図2.13 衝突までの時間と挙動選択の自由度

自車周囲前後，数百mに及ぶ車両の空間的配置を正確に検出することは難しい．また，周囲の相対的な車両との関係が，各車両のドライバ個々の独立な意思に基づいて運転されるため，相対的な周囲状況予測が難しい．したがって，不安全状態を目前に，不確かな情報に基づいて挙動選択のリスク負担を自動システムに負わせることは難しくなり，表2.5でのドライバ判断の重みが大きくなる．一方，障害物が接近し，物体の存在や動きの検出精度が向上し，予測時間が短くなることにより，周囲のドライバの意思によって影響を受ける要因が

減少してくる．この結果として，機械側の判断を重くすることができる．

このように，運転支援システムにおいて，自動化レベルの妥当性は，周囲物体の位置・動きの検出精度や他車挙動の予測精度によって影響される．車相互の挙動や制御を行うことができる車-車間通信技術などの導入により，周囲車両の動きをマクロ的に把握・制御が可能となり，自動化レベルも機械側へ大きく変化していくと考えられる．

2.6 運転支援の本質的課題

運転支援装置を通して自動車の知能を概観した．自動車の知能化は，人間の目の役割を機械の目に代替させ，その結果を人間に見せることから始まった．次の段階として，機械の目に映ったものをドライバにとって理解しやすい情報に加工し「知覚から認識の支援」へ進歩した．そして，認識はさらに高度になり，「歩行者」と「車両」を区別したりし，高速に状況を判断し，その判断に基づき目標値達成エージェントに対して操作を行う目標値生成エージェントとしての知能化自動車に発展した．こうした知能は，センサデバイスの開発，現実的な価格で実現できる計算処理環境の実現および信号処理アルゴリズム[2.23]などの改善によるところが大きい．しかし，仮にどれだけセンサや信号処理が高度化しても，越えられない構造的な課題がある．それは，自動車の知能とドライバの相互共存の問題である．

たとえば，危険な状態のときにブレーキのかかる運転支援装置を日常的に使っているドライバがいたとする．ドライバは，基本的に自分でブレーキを操作して停止する運転を行い，積極的に自動ブレーキを使うことはないが，心のどこかに，万が一自分が操作しなくても自動ブレーキが動作してくれるという気のゆるみが生じてくる場合がある．すると，そのドライバの運転時の注意感度が多少なりとも低下することになる[2.24]．

ところで，自動ブレーキ装置も完璧な装置で必ず衝突回避操作ができるのなら問題ないが，路面状況や検出誤差などで十分停止できない場合がある．ごくまれなことだが，100％ないとは断定できない．このとき，運悪く，ドライバが「どうせブレーキがかかるのだから」とよそ見をして，助手席の服から煙草を探していたとすれば，自動ブレーキが動作せず，事故が発生することにな

る．これは，安全のための装置を導入したにもかかわらず，逆にドライバの安全に対する意識を低下させ，事故を起こしたことになる．まさに，安全装置がないほうがドライバの注意意識が低下せず，むしろ安全であったと考えられる．この関係を顕著に表す考え方がリスクホメオスタシス[2.25],[2.26]という概念がある．危険(リスク)に対する恒常性という意味である．

　こうした問題は，すでに顕在化している．自分でアクセルペダルを踏んで高速道路を運転するよりも，ACCを使って運転するほうが走行車速が高くなるという結果[2.27]が報告されている．また，知能化された自動車が前方の危険状況を検出し，ドライバに前方の危険部分を空間的に特定できるように警報・表示したとする．このとき，ドライバの注意がその表示された場所に誘導され，他の場所を注意するための注意資源[2.28]が減少する可能性がある．つまり，「あそこが危ないですよ！」と教えたせいで，別のところから万が一危険が接近したときに，その危険の接近に対する発見が遅れる可能性がある．知能機械からしてみれば，よかれと思って教えてあげたのに，それがむしろ"あだ"になってしまうわけである．

　以上，自動車の知能化が，ドライバの関わりを通して進化させていくことの難しさを述べた．この副作用を解決するためには，センシングや判断の信頼性がより改善される必要がある．しかし，たとえば，事故になったとき，何が最適な判断であったのかを事故前に戻って検討することは容易なことではない．ドライブレコーダなどの導入も進むが，今後の自動車の知能化はどのように人間と付き合いながら人間の役に立つかというフェーズに変化してくると考えられる．つまり，自動車が知能化するということは，完全に自律走行車両のように人間が自動車運転系の外にいる場合よりも，人間と運転支援装置が共存するほうが，むしろ難しい問題を抱えるのである．このように，機械が運転を助けてくれ，安全・安心をもたらしてくれる知能化については，いろいろな視点での検討を要し，完全な自律走行以上に難しい知恵が必要となる．

3章 環境に起因する運転の難しさを支援するシステム

1章,2章ではシステム全体としての知能的な運転支援について概説した.3章〜6章では,具体的な運転支援システムの紹介を通して,より身近に運転支援の知恵や工夫のすごさに触れて欲しい.

本章では,自動車が走行する環境の変化によって発生する運転の難しさを自動的に助けてくれるシステムの技術について説明する.まず,狭いところを通過するための運転支援について紹介し,次にカーブ路走行時の運転支援について紹介する.

3.1 隘路を通り抜けるときの運転支援

高速道路,渋滞路などの多様な走行環境下で,常にドライバが運転操作しやすい車両システムを検討する.運転操作のしやすさに関係する設計要素としては,ハンドルやアクセルの形状,ペダル位置などの静的なパラメータの調整が挙げられる.ここでは,車両の制御パラメータを走行環境によって適応的に変化させることによって運転操作性を向上させる視点に着目する.

たとえば,駐車車両の側方通過など,走行可能部分が狭くなっている道路(隘路(あいろ))では,ドライバは注意深く運転する.このとき,ドライバが求めるアクセルペダル操作に対する駆動力発生特性は,高速道路で先行車を追い越すときにドライバが求めるアクセルペダル操作に対する駆動力発生特性と異なるはずである.前者では,ペダル操作に対する発生駆動力のゲインと時定数が小さく,微妙な速度調整が可能になっていると,ドライバは運転しやすい.一方,高速道路での追越しでは,大きいゲインが求められる.しかし,現行の車両システムでは,駐車車両側方通過時も高速追越し時も,ドライバのアクセルペダル操作に対する駆動力発生ゲインは変化しない.したがって,ドライバ自身がアク

セルペダルの操作特性を状況に応じて変化させる．その結果，車両側方通過時には，微少ですばやいアクセル操作が要求され，高速追越し時には，大きなアクセルペダルストロークが要求される．そこで，車両自身が駐車車両側方通過の状況下に置かれたドライバの操作か，高速道路で追い越す場面のドライバ操作かを判断することによって，それぞれの場面におけるドライバの期待に適合した制御パラメータ，すなわちアクセルペダル操作量に対する出力軸トルクのゲイン，時定数や変速特性などを変化させることができる．これにより，微少なアクセル操作などの特殊な走行環境下でのドライバの操作負担を小さくすることができ，より良好な運転性や運転操作疲労の低減が図れると考えられる．

こうした，周囲環境変化を考慮した人間機械協調システム[3.1]において，佐藤は，人間と機械の共存には人間がもつ意図や機械の挙動に対する期待を機械自身が理解することが重要な課題であると指摘している．片桐[3.2]は，エージェントとしてのメンタルモデルの中で人間の期待を陽に扱う必要性を示している．また，ソフトコンピューティング手法[3.3]を用いて，Inagaki[3.4]は，操作者の意図に対する機械の協調作業戦略を陽に扱ったロボット−操作者協調作業システムを提案している．

自動車分野における研究では，ドライバのアクセル操作から走行環境を帰納的に推定し，その走行環境に適した自動変速機の制御特性などを変化させるシステム[3.5]やニューラルネットワークを適用したシステム[3.6]がある．これらの研究では，本来，ドライバ操作に大きな影響を与える視覚的要因を陽に扱わず，視覚的情報と車両制御特性との関係を意味づける視点に立っていない．

視覚的情報が人間に与える影響に関して，Gibson[3.7]はアフォーダンス(Affordance)の概念を提案している．アフォーダンスは，人間の行動を誘起する視覚的環境情報と考えられる．ドライバが視覚的に減速期待を誘因するアフォーダンスを知覚し，車両を減速したいという気持ちが起こるプロセスについて着目して，運転しづらい隘路通過時に運転支援装置を行うシステムを考える．

3.2 隘路での減速期待

視覚的情報によるドライバの車両減速期待生成の仮説モデルを図3.1(a)に示す．ドライバは，これから走行しようとする前方の走行環境内に存在する複

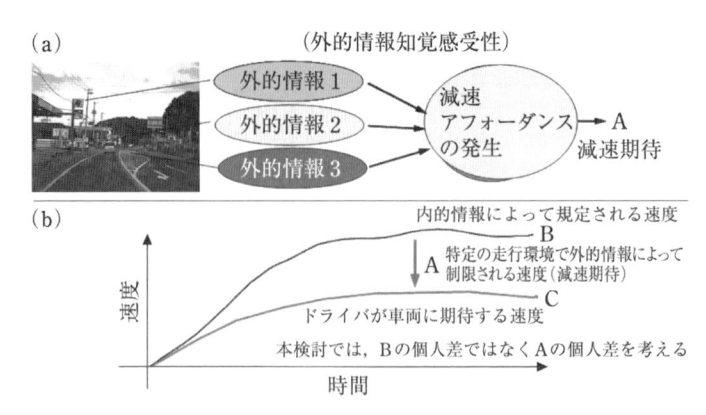

図 3.1 視覚的情報によるドライバの車両挙動期待生成の仮説モデル

数の視覚的外的情報 (減速期待を誘発するアフォーダンス) を知覚する．視覚的外的情報の中で減速期待を誘発する要因としては，**表 3.1** に示すような急な下り坂，道路のカーブ，駐車車両などがある．一般的に，こうした視覚的外的情報は，車両の自由な加速を躊躇させる心理的要因となる．

ドライバに減速行動を誘発する視覚的な外的情報を「視覚的減速要因」と呼ぶことにする．アフォーダンスの概念を用いれば，この「視覚的減速要因」が減速期待をアフォードするアフォーダンスであり，ドライバは，走行環境の中からさまざまなアフォーダンスを知覚し，その結果としての行動として減速を意識すると考えることができる．

ドライバがアクセルを踏み込んで停止状態から加速していく運転状況に注目する．図 3.1 (b) に示すように，平坦で無限に広い空間のように視覚的減速要因が存在しない場合，主にドライバの技量や車両性能に関するドライバ自身の特性によって規定される操作が行われる．この車両挙動〔図 3.1 (b)，B の部分〕は，視覚的減速要因が存在しない場合のドライバ固有の車両挙動期待によるものと考えることができる．ここで，表 3.1 に示すような隘路や下り坂といった視覚的減速要因が認識されることによって，上述

表 3.1 代表的な視覚的減速要因

代表的な視覚的減速要因
急な下り坂
カーブの手前
急な登り坂の頂上付近
道路に駐車した車の側方通り抜け
前方の車に追従走行
トンネルの出入口
道路構造上の隘路部分

したベースとなる車両挙動期待から視覚的減速要因分〔図 3.1 (b), A の部分〕が制限されることによって，その走行環境下における実際の車両挙動が決定される〔図 3.1 (b), C の部分〕．この車両挙動は，ドライバが視覚的情報を知覚し，視覚的減速要因を認識した結果として，ドライバの意識下に生成した車両挙動期待に基づく操作の結果と考える．以下で検討する車両挙動期待は，視覚的情報により加速を制限する方向 (A の部分) の視覚的減速要因に着目する．

3.3 ドライバの隘路減速モデルをつくる

本章では，表 3.1 の走行環境の中から，道路上に駐車している車両の側方を通過する場合などの道幅が狭くなっている隘路に対して，運転しやすい運転支援を行う知的車両制御を具体的に検討する．まず，隘路部通過時の車両挙動期待を推定するドライバメンタルモデルを同定する．

3.3.1 実験データ収集システム

運転中にドライバが知覚する視覚的情報，ドライバの操作量および車両挙動を観測するためのパラメータを同期して記録するための実験システムを構築した．

図 3.2 に示すように，車載カメラからの情報と隘路部分を検出するスキャニング型レーザレーダ，車両の走行速度を測定する車輪速センサなどの信号をビデオデジタイザに入力し，図 3.3 のように，車両前方風景と同期してビデオ画像として記録する．ドライバは，通常の運転とまったく同じ操作を行う．運転

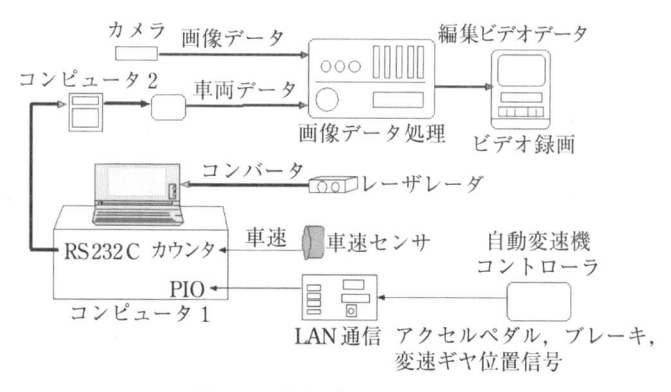

図 3.2 実験データ記録装置

中，何か感じたことがあれば，自発的にコメントするように依頼した．運転席と助手席の間にカメラが装着されている以外 (ドライバの運転視界外) は，何ら普通の自動車と変わらない．実験車両は，2 500 cc 日産ステージア (自動変速機) を用いた．被験者 4 名 (被験者 A, ,C, D) の特性を表 3.2 に示す．

図 3.3 記録された画像データの例

表 3.2 運転被験者の属性

	性別	年齢	運転経験	運転特性
被験者 A	男性	30	ほとんどない	慎重に運転
被験者 B	男性	36	毎日運転	機敏に運転
被験者 C	女性	32	週に 1 回ほど	用心深く運転
被験者 D	男性	31	毎日運転	機敏に運転

3.3.2 通過可能道路幅と通過速度との関係を求める

評価路での隘路部分設定について位置的関係を図 3.4 に示す．100 m 以上の見通し距離をもつ直線コース内に，道路両側に 2 台の車両 A, B を配置し，その間を実験車 C が通過する．ドライバは，停止位置から 500 m ほど走行して，

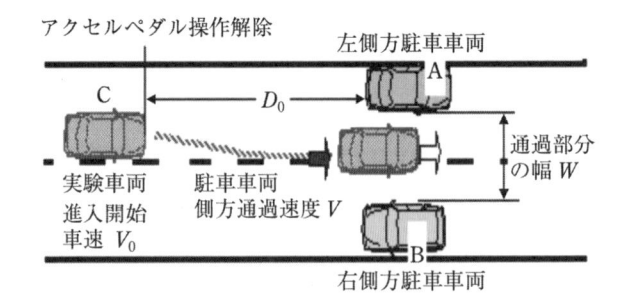

図 3.4 評価路における隘路部分設定

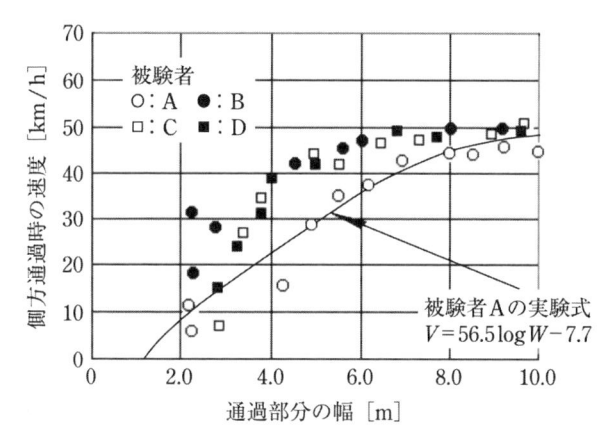

図 3.5 隘路部分幅と通過時の速度との関係

この隘路が見通せる直線部分に入り，100 m ほど走行して隘路部を通過する．停止中の 2 車両 (A, B) 間の通過部分幅 W や隘路を気づいたときの実験車 C の走行速度 V_0 を変化させて隘路部通過速度 V を測定する．

被験者毎に駐車車両によって狭められている車両通過可能道路幅 W と，その駐車車両側方を通過するときの速度 V との関係を図 3.5 に示す．隘路部の場所や実験の時間を変えて，各被験者に対して実験データをプロットした．

各被験者で，通過部分幅 W に対する側方通過速度 V の関係が大きく異なっている．すべての被験者に共通する普遍的な関係式を設定することは難しい．しかし，定性的に全体の傾向を見ると，おおむね通過部分幅が 6 m 以上では，通過幅に対する通過速度の変化がほとんどないが，6 m 以下では，通過幅が小さくなるにつれて通過速度が低下する．障害物がない場合は，ドライバ自身の運転特性によって決定される走行速度で走行する．これがベースの走行速度となる．しかし，車両通過部分幅が減少するにつれて，視覚的減速要因がドライバに認識され，図 3.1 (b) の A 部分が視覚的減速要因となり，結果的に通過速度が減少していくと考えられる．

次に，各被験者個人のデータ分布に着目する．各被験者のプロット点配置は，ランダムではなく通過部分幅 W に対して比較的再現性がよく，かつ何らかの相関関係が認められることから，個人を特定すれば，通過部分幅 W に対する通過速度 V のばらつきは，場所や時間が変わっても，あまり影響しない普遍的な関

係と考えられる．したがって，各ドライバの隘路での走行環境認識特性がメンタルモデルとして規定できれば，隘路部を通過するときにもつ減速期待は，通過部分幅を測定することによって通過速度を推定でき，その速度からドライバの減速期待に対してどのような自動減速を行うべきか決定できる．なお，以後で検討する自動減速制御は，変速特性を変化させることによって減速を得るエンジンブレーキ制御を対象とする．

3.3.3 隘路部通過速度推定モデル同定

上述した 3.3.2 項の知見より，各ドライバに共通する普遍的な通過部分幅 W に対する通過速度の関係は一つの式で規定できないことがわかる．そこで，図 3.6 に示すようなリアルタイムで通過部分幅 W と通過速度 V との関係を同定するシステムを考える．通過部分幅を説明変数，通過速度を目的変数とすると，図 3.5 のグラフの形状から，対数関数をモデルの構造として近似するとよく一致する．そこで，同定する関数の構造を式 (3.1) とする．

$$V = K_1 \log W + K_2 \tag{3.1}$$

式 (3.1) で，K_1, K_2 は定数である．初期状態では，駐車車両で減速したときの状況を検出し，適宜 (W, V) を式 (3.1) に当てはめ，パラメータを同定する．同定したモデル式による予測通過速度 PV と実際の通過速度 V の誤差が 2～3 km/h よりも小さくなった時点で，モデルによるドライバの通過速度期待予測を開始する．図 3.5 中の関数は，式 (3.1) をモデル関数としたとき被験者 A のデータによって同定された関数である．ただし，実験によると通過部分幅 W と実験車の車幅が近くなる 2 m 前後の値では，同定した関数上にはのらなくなる．

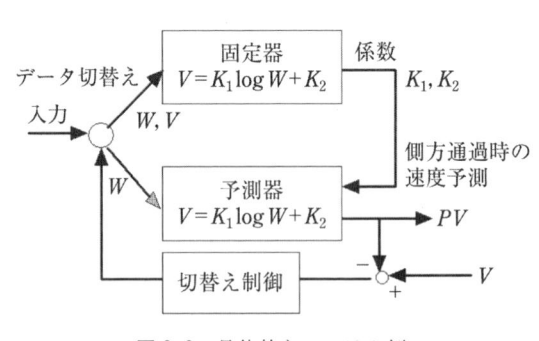

図 3.6 具体的なシステム例

いま，自車両前方 D の距離に通過部分幅 W の隘路部を検出した．式 (3.1) により，通過部分幅 W から通過速度 V を求める．ドライバが前方隘路部の存在を認識し，減速期待をもち，アクセルペダルを踏み戻したとき

の車両速度 V_0 と隘路部までの距離 D_0 を測定する．隘路部通過速度が V であることから，ドライバがアクセルを戻した後，減速方向の加速度 α は式 (3.2) で表される．

$$\alpha = (V_0^2 - V^2)/(2\,D_0) \tag{3.2}$$

この α に近い値が得られるように，パワートレインの入力回転数と出力回転数を制御し，ドライバの減速操作を必要としないで隘路部に減速接近できるようにする．自動減速以上の減速感を望む場合は，ドライバが手動でブレーキペダルを踏み，目標値 α 以上の減速度を発生する．α の値は，厳密には定数ではなく，速度や隘路までの距離などで変化する値と考えられる．今回の実験では，有段変速機を用い，詳細に減速度を制御できないので，解析や実験を簡単にするため，α は一定値として扱った．実験の定性的結果では，時間的な減速度の変化よりは減速度の大きさが大きく，ドライバの追加ブレーキ操作行動に影響しているように思われる．この点に関しては，今後詳細検討するべき課題の一つと認識している．

なお，前述したように通過部分幅 W が実験車の車両幅に近くなると，式 (3.1) で近似できない．これは，運転技量や運転の自信などの別の要因が作用することに起因していると考えられる．以下の議論では，実験結果から，おおむね通過可能幅が 2 m 以上の場合についてのみ検討対象とする．

3.4　車両システムへの適用と評価

3.3 節で得られた隘路部通過速度推定に関するモデルを車両システムにインストールする．システムとしては，車両前面に設置されたスキャニング型レーザレーダによって前方の駐車車両や障害物の位置，通過可能幅を測定する．レーダから得られた車両通行可能道路幅を逐次算定し，この計算値をモデルに入力し，ドライバの車両挙動期待である隘路部通過速度を推定する．実車実験では，目標減速度になるようにエンジンブレーキを制御し，ブレーキの自動制御は行わない．

図 3.7 に，本システム適用によるドライバ操作の変化の様子を示す．左が通常の制御で，右が提案のシステムである．上のグラフが車両の加速度，下のグラフがドライバの操作したペダルの操作量である．正の値がアクセルペダル操

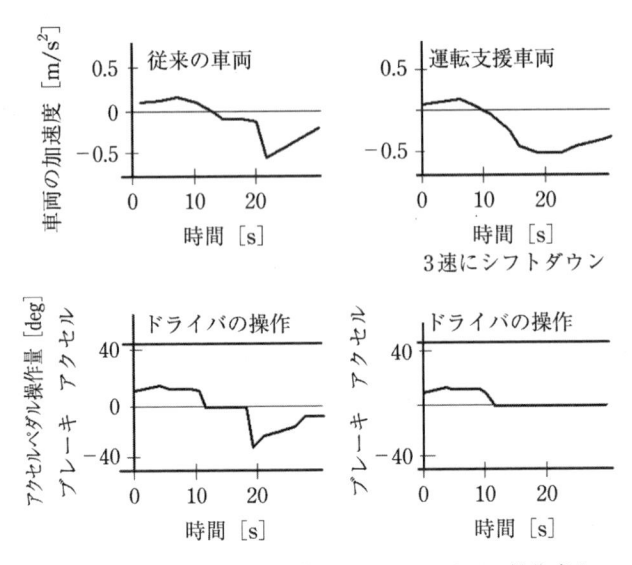

図 3.7　運転支援システム導入によるドライバの操作変化

作量で，負の値がブレーキペダル操作量である．通常のシステムでは，ドライバが前方に隘路部を認識した時点でアクセルの踏み込みをやめ，加速が減少する．隘路部に接近するに従い，車両速度を隘路部通過速度に減速するため，ブレーキペダルを踏み込んで減速する．一方，提案のシステムでは，前方隘路認識によりドライバがアクセルを戻すと，変速機のギヤが 3 速 (3 段目の変速ギヤ比) までダウンシフトし，0.5 m/s^2 程度の減速度まで発生する．これにより，右下のグラフで負の値をもたないように，ドライバはブレーキを踏まない．大きなエンジンブレーキによって，ドライバはブレーキによる減速の必要性を感じなかったと考えられる．これにより，ドライバのアクセルペダルからブレーキペダルへの操作が減少した．

図 3.8 に，本システムによる運転支援制御の介入時期を示す．横軸は，アクセルペダルを離したときの速度であり，ダウンシフト時の速度とほぼ同じである．縦軸はそれによって発生する減速度である．パラメータは，ダウンシフトする変速段を表す．実験では，5 速から 3 速までの減速制御を行っているため，図でハッチングをした範囲の減速度が得られる．たとえば，40 km/h で走行中，前方に隘路部を認識してアクセルペダルから足を戻したとき，現行のシステム

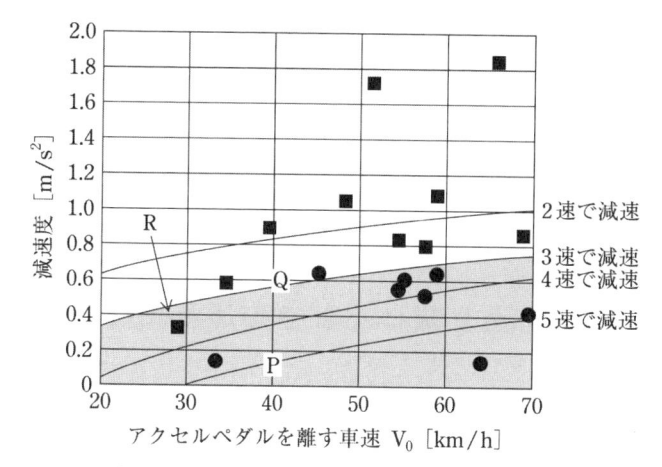

図 3.8 運転支援制御の介入時期

では5速の変速比に固定されることから，0.15 m/s² 程度の小さな減速度しか得られない(図 3.8 の点 P)．しかし，通過速度予測モデルからドライバが期待する減速度 α を推定し，それを実現するために3速までダウンシフトすると 0.55 m/s² 程度の減速度が得られる(図 3.8 の点 Q)．

図 3.8 中の●印は，被験者Aが現行システムと本システムの実験走行を行ったとき，現行のシステムでブレーキを踏んで減速を行ったが，提案システムではエンジンブレーキが自動的に動作したため，手動のブレーキ操作を行わなかったケースを表している．結果的に，ドライバのブレーキ操作頻度が減少したことになる．一方，■印は，提案システムで3速へのダウンシフトを行ったが，減速度が小さいため，ドライバが減速の不足を感じ，手動でブレーキを操作した場合を示す．図 3.8 において，点 R では3速までのエンジンブレーキによる減速では不足で，ドライバ自身がブレーキを操作して減速度を増加させている．点 R 以外の●印では，ドライバの手動ブレーキ操作が不必要となり，ドライバの減速期待を良好に予測できたと考える．

原理的に大きい減速度が推定されれば，それを実現するためにより低いギヤ位置にダウンシフトすればよい．しかし，急激な減速によるスリップなどの問

題があり，実際に補助できる減速度は本実験の範囲と考えられる．ドライバから得た本システム運転後の感想では，「操作の軽減や等価的に減速方向のゲインが向上したことにより，車両速度制御性が向上した」と述べている．また，式 (3.2) から目標減速度が連続値として算出されるので，CVT (Continuous Variable Transmission：無段変速機) などの連続的に変速比が設定できるアクチュエータでは，目標の減速度に実際の車両挙動を整合させやすい．

3.5 隘路を通り抜けるときの運転支援のまとめ

　自動車の運転操作には，視覚的情報が極めて大きな情報源となっている．自動運転ではなく，ドライバが操作する自動車において，車両がレーダによって走行環境を知覚し，帰納的に求めたドライバの操作挙動に関する知識 (事例) を参照することによってドライバが望むであろう車両挙動を予測し，その予測に基づき駆動系の運転点を制御する新しい知的駆動力制御手法を検討した．実際の運転操作は，複雑で多数の視覚的減速要因が作用し，ドライバに車両挙動期待が生成されると考えられる．その意味で本検討は極めて基礎的な段階であるが，ドライバの視覚による走行環境認識を車両側にも装備し，ドライバの車両挙動期待を予測しながら車両の制御特性を変化させる方法は，今後のドライバ－車両－走行環境の相互関係を陽に扱い，より運転性を向上させる新しい制御の枠組みと考えられる．

3.6 急なカーブを曲がるときの運転支援

　隘路通過時の自動減速運転支援と同じように，表 3.1 に示した別の減速要因に対して，同様な運転支援を行う．この運転操作支援システムにより，特定の走行状況に依存したドライバ側のアクセルペダル操作特性変化を小さくすることができ，より良好な運転性や運転操作疲労の低減が図れると考えられる．

　ここでは，特定の道路形状に関するドライバの操作特性を帰納的にモデル化し，車両挙動期待を推定して適応的に車両の制御特性を変化させる知的運転操作支援制御システムを紹介する．

3.7 急なカーブを前にしたときの減速期待

隘路通過時の運転支援同様に，前方に迫る急なカーブという視覚的な減速要因を考慮する必要がある．自動車運転系の場合，ドライバがアクセル・ブレーキ・手動変速操作などを行う動機となる周囲状況内の外的情報が減速要因である．人間は，視覚的に知覚した前方情景の多様な変化を自己の経験知識と照らし合わせながら重要な特徴物を抽出し，状況判断を行う[3.8]．こうした高次の認識・判断を知能化機械によって工学的に具現化するためには，アフォーダンスを表象する測定可能な物理量を見つけ出し，この情報に基づいて知的運転支援制御を行う構成が現実的である．したがって，以下の検討では，具体的な物理量として扱える外的情報を扱う．

通常の運転操作において，いかなる場面で減速操作をしているかを調べた．神奈川県 横浜地区の一般道路を 10 km 程度運転したとき，赤信号や停止標識などの強制的な減速要因以外に，どのような場面でドライバが自主的に減速操作をしているかを調べた．表 3.3 に結果を示す．

場面の出現回数に対して，減速動作をした割合は，急な下り坂が最も多く，以下，カーブ手前，坂の頂上付近の順になった．表 3.3 における走行場面で減速期待を誘発する外的情報をドライバが認識し，図 3.1 で説明したような減速期待を誘発した結果，減速操作を行ったと考えられる．したがって，表 3.3 の場面に減速期待を誘発する外的情報が存在すると考えられる．下り坂については，車両加速度変化から下り坂を検出し，ドライバの減速期待を反映するシステムがある[3.9]．また，駐車車両側方通過などの道幅が狭い部分については，レーザレーダによる狭路検知情報から減速期待のモデル化を行った[3.10]．したがって，ここでは減速期待を誘発する頻度が高いと考えられるカーブ手前から

表 3.3 通常運転時に減速要因に遭遇する割合

道路環境	遭遇回数	減速回数	割合 [%]
急な下り坂	10	10	100
カーブの手前	20	18	90
急な登り坂の頂上付近	16	13	81
道路に駐車した車の側方通り抜け	31	23	74
前方の車に追従走行	15	10	67

カーブ走行時の減速場面に着目する．

3.8 ドライバの急カーブ減速モデルをつくる

3.8.1 実験データ収集システム

先述した隘路通過時のデータを収集した図 3.2 のデータ収集装置に，GPS 情報を追加した装置を用いた．車載カメラからの情報と前方車両との車間距離を測定するレーザレーダ，車両の走行速度を測定する車輪速センサ，GPS からの位置情報などの信号をビデオデジタイザに入力し，車両前方風景と諸データを同期記録する．走行中は，ドライバの運転状況を記録し，障害物などが存在する場面では，ドライバのコメントを記録する．走行実験では，ドライバは通常の運転操作とまったく同じ操作をする．運転中，何か感じたことがあれば，自発的にコメントするように依頼した．車両もカメラが装着されている以外は，何ら特殊な装置はなく，運転についても，まったく普段どおりに走行するように依頼した．車両は，2 000 cc 日産スカイライン A/T を用いた．被験者は，表 3.2 の被験者 A, B である．

3.8.2 データ取得のための実験概要

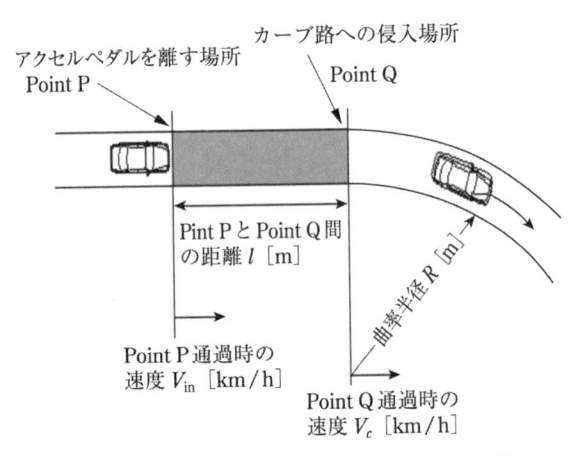

カーブにおけるドライバの減速挙動期待をモデル化するための実験条件を図 3.9 に示す．ドライバは前方のカーブに気づき，Point P でアクセルを戻し，減速操作に移行する．このとき，減速開始速度 V_{in} からカーブ進入直前 (Point Q)

図 3.9　ドライバの減速期待モデル化のための実験条件

3.8 ドライバの急カーブ減速モデルをつくる　45

での通過速度 V_c まで減速する．Point P, Q 間の距離を l とする．このとき，変速機を低速ギヤ側に手動で変速するエンジンブレーキによる減速度だけでは V_c まで減速できなければフットブレーキを使用する．カーブ進入部通過速度 V_c とカーブ曲率 R との関係に着目する．カーブ曲率 R とカーブ進入部通過速度 V_c との関係を帰納的に同定するために実験を行った．神奈川県 横須賀地区を延べ 50 km ほど走行し，カーブ路の減速場面を抽出し，各カーブでの通過速度を計測した．また，記録された GPS からの位置情報より地図を用いて各カーブの中心部分の曲率を求め，カーブ曲率とカーブ進入部通過速度との関係をプロットした．そして，スプライン関数を用いて帰納的関係の実験式を同定した．データをプロットする過程で，個別のカーブについて撮影したビデオカメラを参照し，カーブ内に障害物が存在したり，カーブ形状が変化に富み，明らかに運転上操作しにくい場面など，カーブ曲率と速度との関係解析に不適当な特異的状況が存在すると思われる場面はデータを除外した．各被験者のカーブ曲率とカーブ進入部通過速度との関係を 図 3.10 に示す．

　道幅は，片側 1 車線とし，前後 100 m 以内に自車以外の車両は存在しない場合のみ計測した．道幅，車両の混雑度，あるいは道路の見通しなどでカーブ進入部通過速度は変化するが，今回の検討では，上述のデータ収集過程でこうした場面における特異的な影響が考えられる場面におけるデータを除外している．今回データを採取した 2 名の被験者間のデータ分布に有意な差が存在し，カーブ曲率とカーブ進入部通過速度との関係を全ドライバ共通の普遍的な関係とし

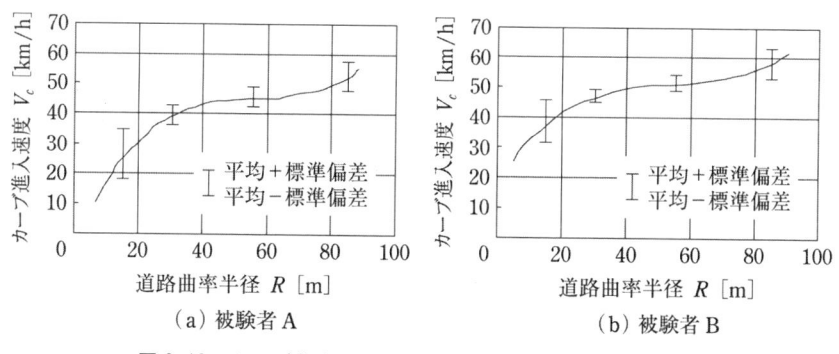

(a) 被験者 A　　　　(b) 被験者 B

図 3.10　カーブ曲率半径とカーブ進入部通過速度との関係

て記述することは難しいことがわかる．しかし，各被験者個人の挙動としてカーブ曲率とカーブ進入部通過速度との関係は，走行場面が異なっても分散が小さく，良好に再現されている．図3.10の関係から3次多項式による回帰分析を行い，それぞれの被験者について式(3.3), (3.4)の実験式を得る．この実験式をドライバの減速挙動モデルとする．

$$V_{ca} = 0.0002 R_3 - 0.033 R_2 + 2.1 R + 0.37 \tag{3.3}$$

$$V_{cb} = 0.0002 R_3 - 0.035 R_2 + 1.8 R + 14 \tag{3.4}$$

被験者Aのカーブ進入部通過速度を V_{ca} [km/h]，被験者Bのそれを V_{cb} [km/h] とし，前方カーブの推定曲率を R [m] とする．

3.8.3 外的情報の観測

カーブ路内での減速期待を誘発する外的情報は，本来，車載カメラなどによって得られた前方画像情報から道路曲率，道路白線，道路形状などを算定する手法が考えられる．実際に，車載カメラなどを用いて，ドライバが視覚的に道路形状を把握する手段と類似した道路形状を検出する手法[3.11]も提案されている．しかし，ここでは，以下の三つの理由によりカメラによる道路形状把握ではなく，ナビゲーション地図から得られるカーブ曲率情報を用いることとした．

(1) カメラ処理系を車載する場合，車載システムのコストが高くなる．既存システムを小改良することにより，効果が得られる構成を目標としたい．

(2) 車からの観測では，視覚的に見通せない連続するカーブ路が存在する．こうした場面でも減速制御運転支援ができれば，ドライバの操作負担を軽減できる可能性がある．

(3) ドライバが同一のカーブ路を複数回走行経験した場合，ドライバの経験的知識としてカーブ形状が獲得され，その知識を用いてカーブ走行速度が規定されると考えられる．したがって，この場合，カメラにより局所的に観察される視覚的カーブ情報だけでなく，カーブ路全体を把握した外的情報に基づく車両挙動予測が必要である．

これから走行する場面における曲率をナビゲーション地図から推定し，その情報に基づきカーブ進入部通過速度を推定する構成において，走行経路の予測

を確実に行うため，ナビゲーション上で経路誘導案内を行っているときのみ前方カーブ路の曲率を算定する．GPSなどのロケータにより，現在走行する道路上の点から，たとえば100 m先の道路の曲率を計算する．これにより，ナビゲーション地図と自車位置ロケータの情報を用いてカーブ進入部通過速度を予測する．

3.8.4 曲率-通過速度関係式の汎化性

図3.10より，運転者ごとに道路曲率とカーブ進入速度との関係が異なることがわかった．そこで，同じ運転者に限定したときに，特定の走行データから同定した実験式の関係が，ほかの場面においても普遍的に適用できるかを検討した．

同定に用いていないカーブ場面において，ナビゲーション地図から予測した前方カーブ曲率を曲率-通過速度の帰納モデル 式(3.4)によって推定したカーブ進入部通過速度と実際にドライバがカーブ路を走行したときのカーブ進入部通過速度との差を 図3.11 に示す．道路は，神奈川県 横浜地区延べ30 km のランダムに抽出した100箇所程度のカーブ路における推定結果である．曲率が20 m 程度以下付近の差が大きい場面は，カーブ途中に障害物や極端に道路幅が狭くなっているなど，カーブ以外の減速要因が知覚された場面で，それ以外の場面

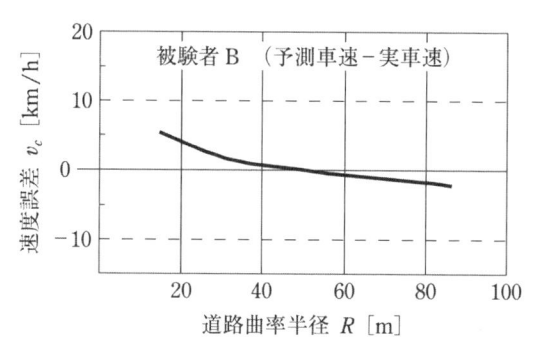

図 3.11　モデル予測と実際の通過速度の差

では帰納的に推定された速度と実際に走行する速度がよく一致する．同定に用いた道路以外の走行路でも 式(3.4) が適用できる．

3.9　車両システムへの適用と評価

提案する車両システムの構成例を 図3.12 に示す．ナビゲーション内の道路地図とGPSなどを用いたロケータなどから得られる現在の自車位置から，これから走行する道路における道路曲率を推定する．上述したように，分岐路での

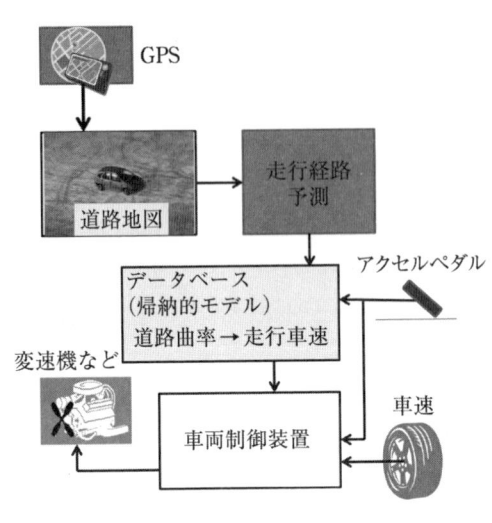

図3.12　具体的なシステム例

走路予測を行うため経路誘導中の制御とする．経路誘導中は，ナビゲーションが経路を自動的に選択し，ドライバがその選択に従って走行するため，分岐路での予測間違いが起こりにくい．

図3.9で，カーブ進入部までの距離 l，カーブの曲率 R およびアクセルを戻したときの車速 V_{in} が得られる．そこで，運転操作支援制御システムとしては，カーブ曲率 R から 図3.10 の実験式を用いて，カーブ進入部通過速度 V_c を推定する．図3.10 の関係が，各ドライバに帰納的に規定されたドライバ減速挙動モデル 式(3.3), (3.4) となる．アクセルを戻したときの V_{in} からカーブまでの距離 l で車両の速度を V_c にするために制動制御を行う．ただし，本研究で検討する運転操作支援システムは，フットブレーキをかけず，変速機を低速ギヤ側に自動的にシフトダウンすることによって減速する運転操作支援システムを検討する．

ドライバがカーブに接近する過程で，エンジンブレーキが動作して減速される．ドライバにとって，このエンジンブレーキ動作によって得られる減速度以上の減速を必要とするときは，自主的にフットブレーキを操作し，減速力を手動により増加させる．評価路として曲率 15, 30, 55, 70, 85 m のカーブ路を用意する．実験車は，カーブ路進入手前100 m の直線道路を通り，カーブに進入する．

表3.2の被験者 A が，図3.12 の車を運転し，評価路を走行したときのブレーキの利用率変化を調べる．まったく運転操作支援制御を行わないときのカーブ曲率 R，アクセルを戻したときの速度 V_{in} およびフットブレーキの使用率を 図3.13 に示す．曲率が小さい急なカーブで，前方にカーブを知覚してアクセルを戻したときの速度が大きくなれば，ほとんど100％，カーブ進入路手前までに

3.9 車両システムへの適用と評価　49

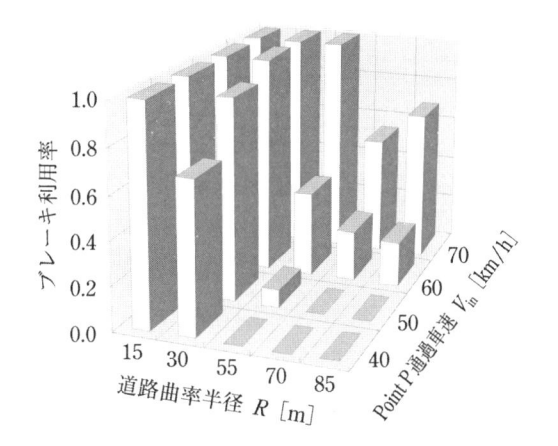

図 3.13 非制御時のカーブ曲率 R, アクセルを戻したときの速度 V_{in} およびフットブレーキの使用率 (ダウンシフトしない場合)

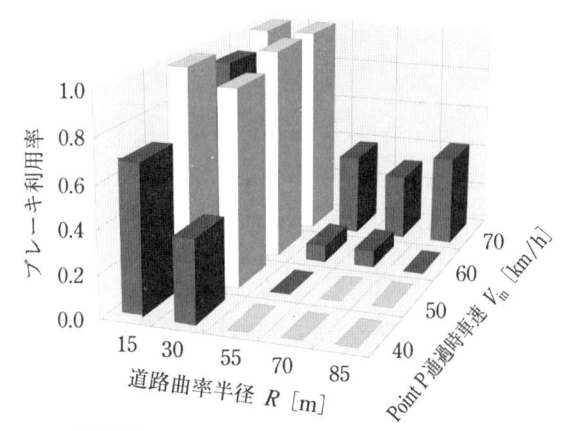

■：従来車に比べブレーキ利用率が減少
□：従来車と変化のないケース

図 3.14 制御時のカーブ曲率 R, アクセルを戻したときの速度 V_{in} およびフットブレーキの使用率 (5 速から 3 速へダウンシフトする場合)

手動でフットブレーキを操作している．ただし，曲率が 70 m 以上，アクセルを離したときの速度が 50 km/h 以下であるなら，フットブレーキなど操作することなく，5 速ギヤのままでカーブを走行している．

次に，運転操作支援制御を行い，曲率を予測しながら 5 速から 3 速まで自動的に変速した場合のブレーキ使用率の変化を図 3.14 に示す．変速するギヤ比を低く設定することにより，変速時に発生する減速度が大きくなり，カーブ手前で希望のカーブ通過速度に減速され，ドライバが自らフットブレーキを操作する頻度が減少している．5 速から 3 速まで変速することによって，大きな減速度を得ることにより，曲率 30～15 m 付近で，かつアクセルを戻したときの速度 V_{in} が 40 km/h 付近でのブレーキ使用頻度が軽減されている．また，曲率が 55 m 以上であれば，V_{in} が 60 km/h 以上でもフットブレーキ使用頻度が少なくなっ

表 3.4 実験を行ったときの被験者の感想

	主観評価 (定性的コメント)
被験者 A	ブレーキを使う回数が減少した．急なカーブでなければ，運転操作が楽になった
被験者 B	車を操作しやすくなった．路曲率半径が 30 m 以下の道路を運転するときは，運転がしにくくなった

ている．それ以外の部分は，エンジンブレーキでの減速では，減速度が不足しているので，ドライバのフットブレーキ操作が必要となったと考えられる．図 3.13 で示した運転支援制御を行わない場合に比べて，支援を行ったほうが約 22 % ブレーキ操作使用頻度が減少している．すなわち，本来，フットブレーキを操作することによって減速していたケースの約 22 % で，ドライバがブレーキペダルを操作する必要がなくなったことを表している．

この実験を行ったときの被験者の感想を 表 3.4 に示す．運転操作性の面からもフットブレーキの操作軽減が認められるが，小さな曲率の急なカーブにおいては，目標の速度に自動的に減速しても，多少不安があるとの官能評価結果を得た．この場合，変速によるエンジンブレーキのみならず，フットブレーキによる大きな減速制御を行う必要がある．

3.10 急なカーブを曲がるときの運転支援のまとめ

一般走行時の曲率と走行速度との関係を帰納的にモデル化し，ナビゲーション地図によって推定した前方カーブ曲率情報に基づきカーブ走行速度を推定し，自動的に減速する運転操作支援システムを提案した．制動制御が変速によるエンジンブレーキのみにより，十分な減速が行えない場合もあるが，おおむねドライバのブレーキ操作回数が 20 % 程度減少し，良好な官能評価結果も得られた．また，他の視覚的認識から減速期待が生成される場面においても場面設定の多様性を増やしながらドライバの操作負担が低減する可能性を見出した．

4章 ドライバの思いに起因する運転の難しさを支援するシステム

3章では，運転の難しさが走行環境に起因した「隘路」と「カーブ手前」に注目した．本章では，運転の難しさが，走行環境ではなく，ドライバ本人の癖や操作特性に基づいているケースについて考える．

はじめて走行する道路を運転する場合，その先がどうなっているかが予測できないので運転が慎重になる．このような場面では，アクセルを戻したときの空走感が少ないエンジンブレーキの効く駆動力特性を実現すると，ドライバは安心して運転することができると考えられる．一方，同じ道路を何回も走行している場合，前方の地形的状況などが経験的に予測できるので，円滑な操作が行えるエンジンブレーキ力の小さな制御特性が好まれる傾向にある．このように，走行する道路の走行環境は客観的に同一であっても，ドライバの環境に対する認識の仕方でドライバが求める制御特性が異なる場合がある．そこで，ドライバが望むような制御特性に自動的に切り替わる駆動力制御システムを検討した．このシステムのポイントは，特定の運転場面で，ドライバが望む車両挙動期待を予測し，その予測に基づき，ドライバが運転操作しやすいように好ましい制御特性を設定することである．

好ましい制御特性を選択するドライバの気持ちを工学的に探るということは，いろいろな状況下で何を決定するかという多目的意思決定の方法が使える．複数の評価関数によって特定の運転状況に適した制御特性を選択する多目的意思決定過程と位置づける．また，走行経験回数や知覚特性の個人差に対応できる意思決定過程を工夫する．具体的には，車両挙動期待に対する個人差の発生は，ドライバごとの減速要因に対する知覚感受性の違いに起因していると仮定する．工学的実現モデルにおける個人差の実現は，複数のセンサから得られた各信号を融合する意思決定過程において，減速要因を表象する各センサ信号を評価す

る測度の問題に帰着させる．

4.1 ドライバの思い・気持ちの工学的表現法

多目的意思決定の手法の一つに Saaty の提案した AHP (Analytic Hierarchy Process)[4.1] がある．AHP では，評価基準の重要度が加法性を有した確率測度で表され，項目間の評価値は比率尺度を用いる．また，評価値の統合は単純加重法を用いる．ここで扱う制御特性を選択するための評価指標は，道路の「混雑度」や「前方道路の走りにくさ」に関係した主観的指標であり，これらの評価指標は，完全に定量的に規定できないので AHP の適用は難しい．

そこで，定量的比較が難しく，その判断に首尾一貫性が乏しい主観的な領域における多目的意思決定手法として提案されている HFI (Hierarchical Fuzzy Integral : 階層的ファジィ積分)[4.2] を適用してドライバの気持ちに車両特性を合わせるシステムについて紹介する．

4.2 走行環境とドライバ挙動

車両挙動期待の検討として，問題を簡単化するため操舵制御系は考えず，駆動力制御による前後方向の車両移動についてのみ検討する．特に，検討対象として自動変速機の変速点制御に着目する．一般的に，時刻 t の変速比 $R(t)$ は，変速比決定関数 F により，式 (4.1) のように決定される．

$$R(t) = F(v(t), th(t)) \tag{4.1}$$

ここで，$v(t)$ は時刻 t の車両の走行速度，$th(t)$ は時刻 t のアクセル開度を表している．

自動車会社では，膨大な時間をかけて関数 F をチューニングし，ほぼ一般的な走行でドライバに不満が出ない変速比決定関数 F を設定している．しかし，急勾配の坂道など多くの人が日常的にあまり遭遇しない走行状況においては，時として十分にドライバの車両挙動期待に整合した変速が実現できないことがある．また，ドライバの嗜好によって，好ましい変速特性の差異が現れることがある．これは，$R(t)$ を決定するための情報が十分でないことに起因していると考えられる．

Takahashi[4.3] は，この点に着目し，変速比 $R(t)$ を補正するシステムを提案し

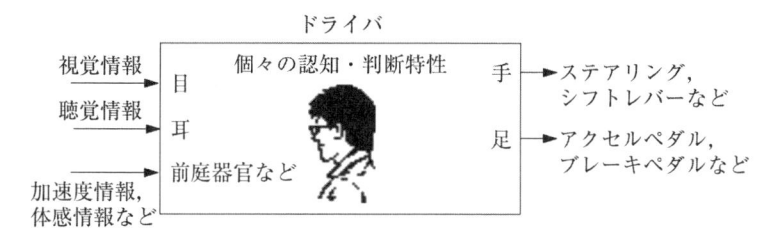

4.2 走行環境とドライバ挙動　53

```
視覚情報 →  ┌─ドライバ──────────────┐
聴覚情報 →  │    個々の認知・判断特性    │ → 手 → ステアリング,
            │  目                    │         シフトレバーなど
            │  耳                    │ → 足 → アクセルペダル,
加速度情報,  │  前庭器官など          │         ブレーキペダルなど
体感情報など→└────────────────────┘
```

上記の関係を制御論などで扱われる逆問題として位置づけ，ドライバの操作を
解析することでドライバが知覚したものや感じたものを推定する

図 4.1　ドライバの操作から道路状況を予測する

ている．ドライバは目や耳によって走行環境を知覚した結果として運転操作を行う．したがって，車両から見れば，ドライバは走行環境を検出するためのセンサと位置づけられ，ドライバの操作を観測することによってドライバが知覚した対象やドライバの判断に関する情報が得られる可能性がある[(3.5)]．図 4.1 に示すように，走行環境とドライバのアクセル操作の帰納的な関係を車両が知識としてあらかじめ準備し，ドライバの操作を観測することによって知識を用いて走行環境を推論する．この手法では，ドライバの走行環境認識特性を介した結果として得られる操作から走行環境を推定する構成となっているため，ドライバ個々の認識特性を考慮した走行環境の予測が可能となる．

たとえば，高速道路を走行していても，ドライバが高速走行の経験が乏しいため，用心深く細い道を走行するのと同じように走ろうとしているならば，アクセル操作は高速道路での操作パターンではなく，狭路での操作パターンとなる．システムは，その操作パターンを観測して帰納的推論により狭路で走行しやすい制御特性を選択する．これにより，ドライバの認識特性を考慮した制御特性が得られる．ドライバにとって，客観的な道路環境よりも主観的な道路認識に適合した制御特性を選択した方が，良好な運転性をドライバに提供できる．しかし，"If 走行環境 then ドライバの操作"の帰納的関係として知識獲得された知識ベースを用いて，ドライバの操作から走行環境を求める後ろ向き推論の知識として使用する方法は不完全知識の問題として扱われ，さまざまな走行環境のすべてをドライバ操作から 1:1 の関係により帰納的に予測できることは保証されない．高速道路や渋滞路などのマクロ的な走行環境認識を経時的に観測

しながら予測することは可能であるが，前方のコーナの検出や局所的な短い下り坂などのすばやい予測は容易ではない．また，ドライバが運転した操作パターンから走行環境を予測する構成となっているため，ドライバが運転していない，これから走行する走行環境の予測は難しい．車両の制御特性を切り替えるためには，車両のイナーシャを考慮して，できるだけ早く走行環境を認識できることが重要であり，この点からもドライバの認識特性が考慮でき，しかも局所的な走行環境をすばやく予測できる手法が求められる．

4.3 ドライバの気持ちを工学的に表現する

近年，カメラやレンジファインダなどのセンサの機能向上や価格低下により，一般車両への装備が可能となった．これにより，直接的に走行環境が観測可能となる．しかし，前述した例のように，客観的な道路形状ではなく，心理的な環境認識が重要であることから，センサからの物理的な形状・状況に関する信号のみでドライバの車両挙動期待に整合した駆動力制御特性を決定することは好ましくない場合がある．

図 4.2 に示すように，道幅が 5 m 程度の下り坂を走行する場合を考える．道幅が狭いことや車両が駐車している場面をドライバが知覚すると「あの車の影から人が出てくるかもしれない」という外的情報や「下り坂で道幅も狭いので，あまりスピードを出せない」という外的情報をドライバは感じてアクセルやブレーキを操作する．この過程は 図 3.1 (a) を少し書き換えた 図 4.3 (a) に示す．

ドライバが走行環境から複数の外的情報を知覚し，それにより減速操作を誘発するアフォーダンスが意識され，その結果としてドライバ自身に減速方向の車両挙動期待が生成されると考えられる．このモデルの考え方は，3 章で述べているが，本章での着眼

図 4.2 道路の例

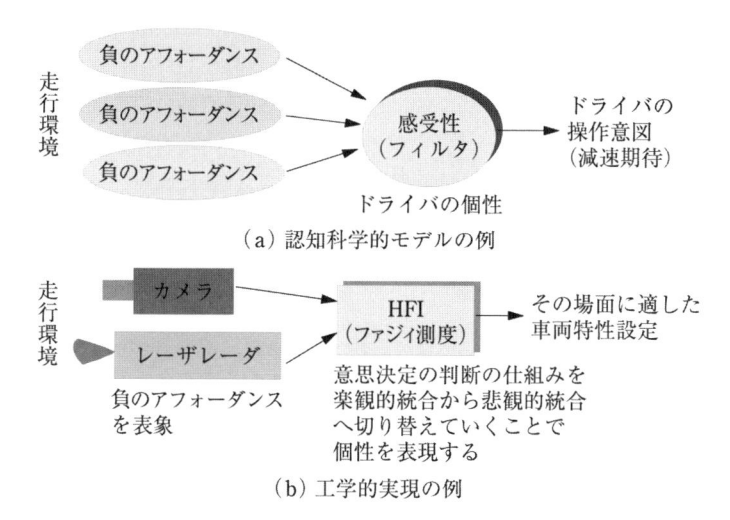

図4.3 負(減速)のアフォーダンス感受を工学的に実現する

(a) 認知科学的モデルの例
(b) 工学的実現の例

点は，図4.3 (a) の負のアフォーダンスをどのように統合して結果としてのドライバの操作意図，もしくは減速期待を推定するかという意思決定のプロセスについての検討である．

この推定の過程を工学的に実現することを考える．図4.3 (b) に示すように，減速方向の車両挙動期待を誘発すると考えられる外的情報を表象するレーザレーダやカメラなどの複数のセンサ信号をセンサフュージョンし，その結果をあらかじめ用意された複数の車両挙動期待に対応させる問題として扱うことができる．そして，ドライバ個々の環境認識特性差を生じる外的情報の感受特性差，すなわちドライバごとの周囲環境の感じ方の違いは，外的情報を表象する複数のセンサ信号を悲観的に融合するか，楽観的に融合するかのセンサフュージョンにおける各信号の融合測度の問題として扱う．本検討では，劣加法測度や優加法測度[4.4]などの測度をHFI上で変化させることによって観測情報の融合特性を変化させるモデルを考える．物理的な観測情報の融合特性を変えるということが，人間がその環境をどう考えるかという個性を工学的に実現していることになる．

ドライバが走行環境を認識し，特定の車両挙動期待をもち，その期待に適合した自動車の制御特性を決定する．図4.4に，HFIによって構成された車両挙

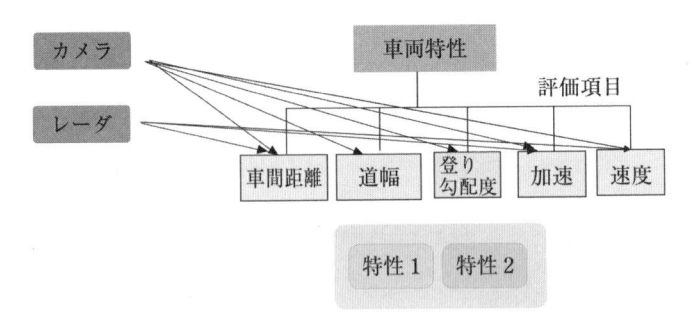

図 4.4 HFI によって構成された車両挙動期待推定モデル

動期待推定モデルを示す．基本的に多目的な意思決定手法であり，図 4.3 (b) で示したようにセンサとしてレーザレーダとカメラを用いる．センサ信号を信号処理し，車間距離や道幅などの物理的環境特徴量を算定する．意思決定のための評価項目としては，前方車両との車間距離，道幅，勾配，加速度および車両の走行速度とした．ここで重要なことは，評価項目において，物理的な数値だけでなく運転者にとって感じられる主観的な評価値として決定に利用される．たとえば，物理的に車間距離が長くてもドライバにとって不慣れで走りにくく感じられるのならば，その車間距離は，そのドライバにとって短いと考えるべきである．こうした主観的な判断基準は，HFI の係数としてドライバごとに記憶されている．そして，意思決定手法の結論は，どのような走行環境を走行しているかという主観的な情報を陽に扱いながら最終的に自動車の駆動力特性としてどのような特性をとるべきかを決定する．図 4.4 において，特性 1 は，アクセルを踏めばすぐ大きな加速が得られる駆動力特性であり，特性 2 は，アクセルを踏んでも容易にダウンシフトしない駆動力変化の小さい駆動力特性をもったパターンを準備する．

4.4　外的情報感受性の個人差の表現

外的情報に含まれる負のアフォーダンスに対する各ドライバの感受性の差異は，各ドライバが減速方向の外的情報を表象する環境特徴量信号の値を評価するときの測度の差異に関連づける問題として扱う．測度とは，対象を評価するための評価基準の物差しである．A の出来事と B の出来事があったとき，そ

4.4 外的情報感受性の個人差の表現

れぞれの出来事を悲観的に考えて意思決定をするか，楽観的に考えて意思決定をするかといった日常の行動に譬えることができる．たとえば，A が「なんとなく咳が出る」，B が「熱がありそうだ」という事象がセンサによって検出されたとする．このとき，楽観的に評価するとは，A や B から「風邪らしいが，風邪であることの絶対的な証拠はないのだから，大丈夫！」とネガティブなセンシング情報に関してその確実性を重視した判断を行う．一方，悲観的な評価の場合は，A や B から「風邪らしい兆候があれば，風邪であると思って大事にする」という判断を行う．これは，センサから得られた事実のネガティブな可能性を大きく評価した判断の仕方である．

HFI では，こうした判断の評価基準の物差しを変化させ，同じ情報入力に対しても，その時々で判断の仕方を変化させ，個性をもった意思決定結果を工学的に導出できる．具体的には，複数の外的情報に対する知覚感受性が高い場合，自由移動の抑制をアフォードする要因を表象する環境特徴量信号の融合過程に Plausibility 測度を用いる．Plausibility 測度は，可能性を積極的に考慮する確信度に対応する測度であり，減速方向の車両挙動期待を誘発する外的情報を積極的に評価して融合する．劣加法的な外的情報の融合が行われ，減速車両挙動期待を選択しやすくなる．これは，複数の外的情報の集合よりも個々の外的情報の意味を積極的に評価する姿勢に等しく，結果的に自由移動を妨げる個々の要因を悲観的に評価する特性となる．ドライバの車両挙動推定としては，減速車両挙動期待が発生しやすくなり，駆動力制御の制御特性としては，アクセルを離したときにエンジンブレーキが効きやすくなるなどの自由移動を抑制する方向の制御特性が選ばれやすくする．これにより，アクセルを戻せば大きな減速力が得られ，減速方向の外的情報を強く感じているドライバが用心深く運転するのに適した特性となる．

一方，ドライバの外的情報に対する知覚感受性が低い場合，環境特徴量信号の融合に Belief 測度を適用する．Belief 測度は，情報の確実性に重点をおいた確信度に対応する測度であり，減速雰囲気要素を確実に評価して融合する．したがって，環境特徴量信号の融合結果として確実に複数の外的情報が認識されたときに，減速に関する車両挙動期待が生成される．個々の外的情報が全体の外的情報の集合よりも小さく評価される傾向にあるため，自由移動を妨げる方

向の要因を楽観的に評価する情報融合となる．こうした感受性をもったドライバに対しては，確実に必要なときだけに減速期待が発生し，アクセルを離したときのエンジンブレーキ力を軽減し，スムーズに運転できるように駆動力制御特性が設定される．これにより，減速方向の車両挙動期待を誘発する外的情報に対する知覚感受性が低いドライバに対して現行の車両並みの制御特性を提供し，過度なエンジンブレーキによる車両挙動のぎくしゃく感を防止する．本システムではPlausibility測度 (劣加法的測度) からBelief測度 (優加法的測度) へ連続的に変更を行うため，λ-ファジィ測度 [4.5] を用いる．

ドライバの外的情報に対する知覚感受性については，経験的にドライバのアクセル操作特性との関係が想定できる．図4.5に，同一の実験評価路 (狭路500 m) を複数回繰り返し走行したときの走行経験回数とアクセル操作特性，運転時の官能評価インタビューとの関係を示す．初めて走行する道路では，「ドライバは用心深く運転している」と感想を述べており，小刻みにアクセルを操作し，アクセル操作開度の標準偏差が大きい．加速減速を繰り返す運転をしている．

こうした運転操作が行われている場合，ドライバは，できるだけ素早く車両の速度を抑制したいとする車両挙動期待を抱く．この期待に対応する車両制御特性は，エンジンブレーキが強化され，減速に対してレスポンスの良い制御特性が好ましいことが経験的に判断できる．用心深く走行しているときに，減速

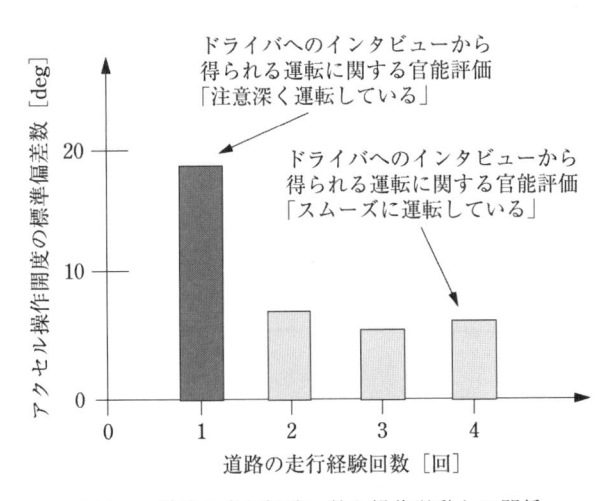

図 4.5 道路の走行経験回数と操作挙動との関係

方向の車両挙動期待が生成されやすくなり，上記の駆動力制御特性が選択され，ブレーキを踏む回数が減少し，ドライバにとっては，自己の車両挙動期待に整合した走りやすい制御特性となる．

　一方，数回の同一道路走行によって走行道路に慣れ，4回目の走行では，「スムーズに運転している」とのインタビュー結果が聴取できる．このとき，アクセル操作の標準偏差が小さくなり，走り方も加減速が小さく，スムーズな運転となる．このときの車両挙動期待は，減速のレスポンスよりはスムーズな車両挙動が望まれ，求められる制御特性としては，操作に対して変速などによるトルク変動がないリニアな駆動力特性が好まれる．ドライバにとって好まれる車両挙動期待に関するインタビュー結果とアクセル操作データとの関係を実験的に求め，その車両挙動期待を選択するためのパラメータ λ とアクセル操作の標準偏差との関係を実験的に求めた．アクセル操作の標準偏差が大きくなるにつれて，Belief 測度から Plausibility 測度に連続的に変化する関数となる．

4.5　車両システムへの適用と評価

　レーザレーダ信号から前方車両との車間距離を求め，カメラからの画像信号より前方の道路状況[3.12]を算定する．具体的には，表 4.1 に示すような道幅，

表 4.1　センサから観測される外部情報

センサ	測定量	アフォーダンスレベル		
		0	0.5	1.0
レーザレーダ	車間距離	100m 以上		10m 以内
カメラ	道路幅	広い		狭い
カメラ	道路勾配	平坦		急な坂
車速センサ	加速度	急減速		急加速
車速センサ	速度	低速		高速

勾配を画像処理によって抽出した道路上の白線から求める．ほかに，車両の速度信号から加速度と速度も車両挙動期待の推定に用いる．

4.5.1 シミュレーション結果の評価

図 4.6 に示す道路勾配が 10 %～ 7 % 程度の降坂路を含む 600 m ほどの道路を普通に走行し，そのときのレーザレーダ出力とカメラ画像を記録する．その後，机上で記録データを再生し，本システムに入力して車両挙動期待の適合度の変化をシミュレーションした．その結果を図 4.7 に示す．

図 4.7 では，同一のシミュレーション入力に対して感受性のパラメータ λ を変化させ，車両挙動期待値の差異を検討した．λ-ファジイ測度の $\lambda = -1$ では Plausibility 測度となり，減速雰囲気に反応して減速に関する車両挙動期待値が全体的に大きな値で推定される．一方，$\lambda = 5$ とした場合は Belief 測度となり，減速雰囲気が確実に複数検出されたときに車両挙動期待値が上昇した．たとえば，変速制御システムで減速に関する車両挙動期待値が 0.7 より大きくなったときに，通常の変速比よりも減速力の大きい変速比を設定するように制御すれば，変速比決定関数に走行環境の情報を考慮した新しい制御システムとなる．

(a) Road A

(b) Road B

図 4.6 シミュレーション用道路データ

これは，ドライバの減速車両挙動を誘発する外的情報を考慮する自動車制御の新しい枠組みの一手法であることを示唆している．

減速に関する車両挙動期待を陽に扱うことによって，自動車制御としては，減速に関する車両挙動期待が大きくなったら，エンジンブレーキを強くかけたり，ブレーキを積極的に操作することも考えられる．一方，減速に関する車両挙動期待が大きくない場合は，必要以上の減速を回避し，ドライバの車両挙動期待と整合する制御特性を対応させることができる．

4.5.2 実車実験結果の評価

次に，図 4.6 の (a) Road A の同じ坂を登り方向に走行する．3 人の被験者を用い，各被験者がこの 600 m ほどの道を初めて走行する．また，一定の時間間隔で同じ道路を 4 回走行する．ドライバは，初めて走行する道路であったが，回数を重ねることによって道路の状況を理解し，運転操作

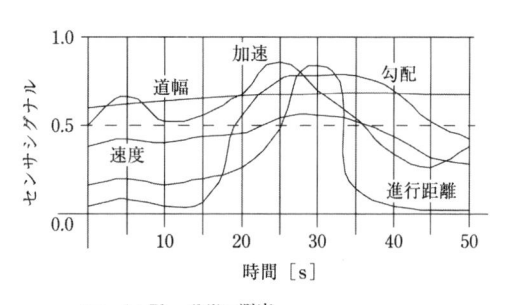

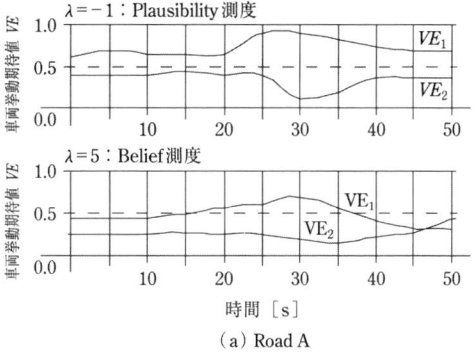

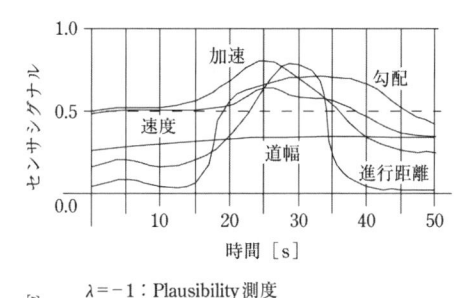

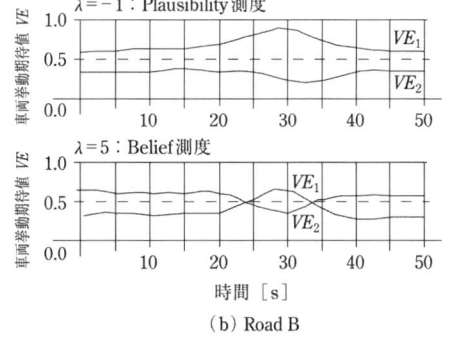

図 4.7 シミュレーション結果

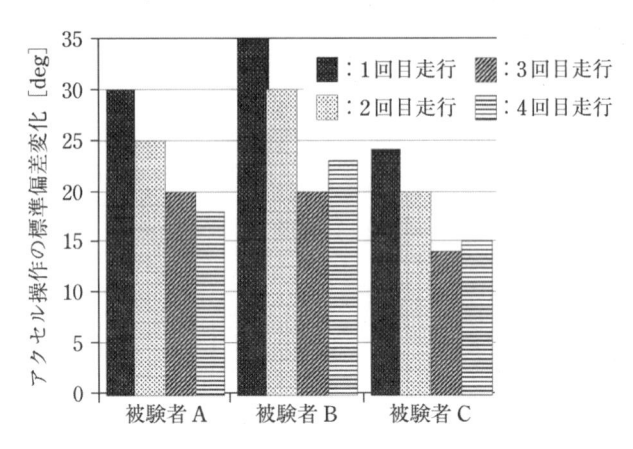

図 4.8 実走行時のアクセル操作特性と道路走行経験回数との関係

が変化してくる．この過程を 図 4.8 に示す．3 人の被験者のアクセル操作の標準偏差は，道路の走行経験で小さくなっている．これは 図 4.5 の傾向と一致する．そして，インタビューでも「最初はどんな道かわからなかったが，何回も走るうちに，特に道路を意識しなくなった」と述べている (被験者 A)．

さらに，本システムによって減速に関する車両挙動期待を推定した．その結果を 図 4.9 に示す．この結果からは，被験者 B が全体的に大きな減速期待を有している．インタビューでも被験者 B は，運転経験が少ないため緊張して走行していたことを訴えており，定性的に本システムによる推論が妥当であったと

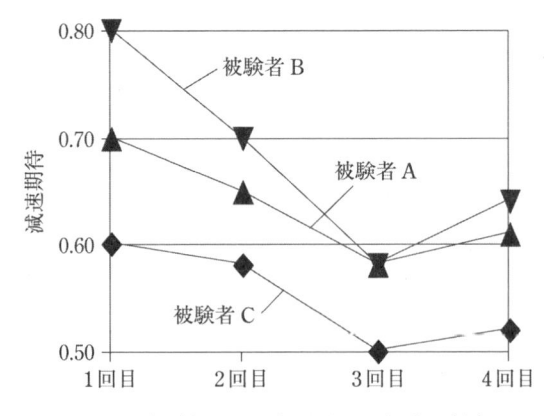

図 4.9 加速傾向の運転特性を選択する割合

思われる．なお，図4.9の縦軸は，減速期待の大きさを表している．

次に，各被験者にエンジンブレーキ力が大きい車両を5回目の走行として運転してもらう．これによると，被験者B，被験者A，被験者Cの順番で運転しやすいと回答しており，図4.9で得られた減速に関する車両挙動期待の値の大きい順に運転しやすいと述べている．

4.6　ドライバの気持ちを読む運転支援のまとめ

レーザレーダやカメラなどをセンサとして外部環境情報を利用する自動車制御システムにおいて重要な要素技術となるドライバの走行環境認識特性を考慮したドライバの車両挙動期待推定手法と，それを用いた駆動力制御の手法を検討した．ドライバ個人の走行環境に対する認識の特性差を外的情報の知覚感受性差として意味づけ，ファジィ測度を用いた環境特徴量信号の融合測度を変化させる技術的枠組を適用した．

本研究は，極めて基礎的な要素技術の検討であり，具体的に車両システムに適用するためには多くの問題がある．たとえば，減速雰囲気の知覚感受性と具体的に選択すべき制御特性との関係についても，安全性や信頼性などの多面的な角度から自動車システムとしての評価・検討がなされる必要がある．また将来，完全にドライバ操作を代替する自律走行車が実現した場合，同乗者が安心して機械に運転を任せられるシステムが必要である．その実現のためには，人間にとってその環境がどのように認識されているかを自動車として理解し，人間(ドライバなど)に違和感を与えないように自動運転制御する必要がある．

4.7　無意識の誤りを発見し事故を未然に防ぐ運転支援

ドライバごとの走行環境の感じ方の違いを工学的に表現する手法について述べたが，以下の項では，ドライバ自身のミスに対して知能機械である運転支援装置が，どのように対応していくかについて考える．

2章で述べたように，Sheridan[2.22]は，機械とその操作者である人間の役割にいくつかの段階を設定した．操作者は，機械を含めた系の状態を把握しながら操作をする必要がある．こうした系において，避けられない問題が誤操作などのヒューマンエラーである．操作者が機械の状態を的確に判断しないために適

切な操作をしない場合や正しい操作をしているつもりで誤操作をする場合など，ヒューマンエラーの原因は多岐にわたっている[4.6]．

多数の人間が日常的に利用する機械である「自動車」は，ヒューマンエラーの結果として重大な事故につながる可能性を考慮すると，社会的にも重要な検討対象である．とりわけ，高齢者人口比率の増加に伴い，65歳以上の普通自動車免許保有者が急激に増加しており，高齢者特有のヒューマンエラーによる事故の可能性[4.7]を考慮すると，自動車操作におけるヒューマンエラーの回避システム研究はさらに重要な技術となる．ドライバ-自動車系の安全から見たヒューマンエラーの中で，意図しない不安全な行為を誘因するエラーとして，認知エラー[4.8]がある．特に，認知エラーの中でスリップについてNorman[4.9]の分類を運転行動に当てはめる．運転操作意図の形成段階に作用するモードエラーは，状況を不確認のまま別の場面で正しいとされる行動を実行してしまうスリップと位置づけられる．また，スキーマの活性化段階に作用するエラーとして，習慣性が強く，直前に行っていた行為のスキーマが活性化し，それが意図したはずのスキーマに取って変わってしまう奪取エラーも運転場面で考慮されなければいけない発生しがちなスリップであると考えられる．たとえば，後退駐車した車を駐車場から出すとき，停車状態から前進しようとして，シフトノブが後退位置に入っているにもかかわらず，シフトノブが前進(ドライブD)に入っているものとドライバが勘違いして前進するつもりでアクセルを大きく踏んでしまうケースがある．車は，大きな加速度でドライバが予期しない方向に後退し，後方障害物に衝突する．上述したスリップの典型と考えられる．ただし，意図しない不安全行為として行われる場合と，ドライバが後退障害物を認識しながら，後方の壁や縁石といった障害物との距離を短縮するために意図的に後退する運転場面も日常的に存在する．したがって，ドライバの後退操作意図を予測して，不安全なヒューマンエラーなのか意図的な操作なのかを区別する必要がある．

ドライバの操作意図を陽に扱いながら車両挙動を変化させる仕組みに関する研究としては，マイクロUV[4.10]において，自動車が人間の操作に適応させるアクティブインタフェースの提案がある．こうした従来の検討は，ドライバの操作を解析し，車両制御特性の制御戦略を選択する枠組みを提供しているが，

具体的な個別操作で発生するスリップによる意図しない誤操作を対象とした挙動解析については言及されていない．この観点に着目し，ヒューマンマシンインタラクションの立場からドライバがスリップを行った場合の運転支援システムについて検討する．

4.8 誤操作回避運転支援の考え方

4.8.1 エラー分類と検討対象とするエラーの明確化

安全性の観点から運転操作のヒューマンエラー分類を図 4.10 に示す．ここでは，意図的な不安全行為については扱わない．違反行為は，反社会的行為であり，ここで扱う運転支援装置として対応する範疇から外す．また，ミステークは，ドライバの経験や知識の欠如に起因するヒューマンエラーであり，先述したように，従来の研究の枠組みでミステークに関与する制御特性を補正する構成が検討されている．

ここでは，より原始的なエラーに注目し，意図しない不安全行為に着目する．さらに，記憶の間違いに起因するラプスによる誤動作ではなく，スリップによる操作の誤りに着目する．なぜなら，一般的な運転操作において，ラプスよりもモードスリップなどの発生が経験的に多いと考えられるからである．

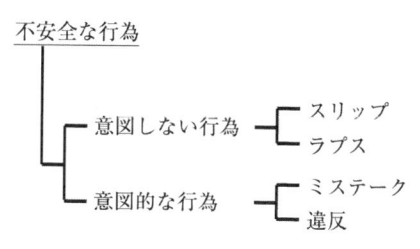

図 4.10 ヒューマンエラーの分類

4.8.2 誤操作対応のための解決問題の明確化

ドライバの意図しないモードスリップの典型として，駐車場での前進・後退操作を例にして考える．

(1) 車両後方近傍に壁などの障害物がある．
(2) ドライバは，その障害物のある方向と反対方向 (前方) に車を移動しようとしている．
(3) ドライバのヒューマンエラーにより，障害物の存在する方向へ移動する操作が選択されているが，ドライバはそれを認識していない．ドライバの操作意図は，障害物から離れる方向に動くことである．

(4) ドライバは，障害物と反対の方向に素早く出ようとしてアクセルを比較的大きく操作する．

　こうしたプロセスによって，ドライバが意図する方向と違う方向に大きな加速度をもって車が動いてしまうため，ドライバはびっくりして，すぐにブレーキを踏むなどの対応ができない場合がある．こうしたヒューマンエラーを車両システムとして解決するには，後方障害物を車載センサで検出して障害物方向に車が移動しないようにすれば，簡単に解決すると考えられる．しかし，実際の運転場面では，ドライバが後方の障害物を意識しながら後方障害物との距離を短縮するというヒューマンエラーではない意図的な運転行動を行う場面が多々ある．たとえば，駐車場に車を後退駐車したとき，後方スペースに余裕があるため，注意深く後退して駐車場枠内に車を駐車する場面などは，こうした意図的な短距離後退運転が行われる．障害物との距離により単純に警報を出す誤操作警報装置では，こうした意図的な運転操作に対応することが難しく，ドライバにとっては，煩わしく意味のない警報が発生する．また，運転支援内容を警報から一歩進めて，車両を停止するような制御介入を考えたとき，意図的に後退しようとしても車両が後退できなくなってしまう．意図的な後退時にスイッチなどで制御介入を禁止する仕組みが必要となり，煩わしい操作が要求され，スイッチが「操作介入なし」のモードに切り替わったままになってしまい，本当に誤操作をしたときに動作しないという事態も考えられる．

　以上のように，障害物との距離など物理的な観測情報によってのみ警報や制御介入を行うのではなく，ドライバの操作意図を推定し，意図的な動作でないと推定されるときに限り，警報や制御介入を行う新しい運転支援を提案する．

4.8.3 システムの基本的動作

　上述した後方発進の例について，ドライバの操作意図と車両状態の関係を**表4.2**に示す．横の欄はドライバの操作意図を表し，縦の欄は車両状態を表す．A, D (Da, Db) に関しては，車両状態とドライバの操作意図が整合しているので問題ない．ドライバが後退しようとして車両シフト位置が前進になっているBにおいては，操作者の操作意図と機械状態に齟齬が生じている．しかし，ドライバが後退しようとしているということは，少なくとも前進するよりは注意を払って慎重に後退しようとする行為が予想できる．したがって，注意しなが

4.8 誤操作回避運転支援の考え方

表 4.2 ドライバ意図と車両状態との関係

車両状態 \ ドライバ意図		前進したい	後退したい
シフト位置：前進		A ✓	B ⚠
シフト位置：後退	障害物あり	Ca 💥	Da ✓
	障害物なし	Cb ⚠	Db ✓

💥：避けられない事故　　⚠：回避可能　　✓：問題なし

ら後退しようとしているので，意に反して車が前進してしまっても，その加速は大きくなく，またドライバも余裕をもって操作の誤りに対応できると考えられる．

　一方，ドライバが前進しようと意図し，シフトレバーが後退になっている場合 (C) に重大な事故発生の可能性がある．ただし，この場合も，車両後方近傍に障害物がある場合 (Ca) と障害物がない場合 (Cb) とでは事情が異なる．障害物が後方近傍になく，ある程度の自由空間が確保されているのであれば，ドライバは自己の操作の誤りに時間的余裕をもって気づき，ブレーキを踏むなどの危険回避行動ができる可能性は大きい．ドライバが前進方向に移動しようと勘違いしている場合と，意図的に後退しようとしている場合に着目する．障害物が後方近傍にある場合 (Ca)，非常に短い時間で障害物に接触する可能性があり，ドライバはパニック状態になり，十分な危険回避行動が遅れることがある．

　一方，ドライバが後退したいと考え，シフト位置も後退が選択されている場合 (Da)，ドライバは後方障害物を認識しながら車両と障害物の距離を短縮するため，意図的に後退操作する．Ca の状態をヒューマンエラーと判定してドライバ操作に介入し車両移動を阻止し，Da の状態は正常な意識的操作と判定し，ドライバ操作に介入しないシステムを構築する．

4.8.4 センサなどの機能構成

基本的な構成を図 4.11 に示す．表 4.2 に示した車両側の状態は，ギヤポジションシフトセンサによって正確にギヤの位置を検出することができる．また，後方障害物を検出する手段としてレーザレンジファインダを用いる．レーザレンジファインダによる障害物の検出は，数 m の近傍であれば十分な精度で検出できる[2.23]．

一方，ドライバの操作意図は，アクセル操作に現れる場合が多いことから[3.5]，アクセルペダルセンサによってアクセル開度を観測する．アクセル操作からドライバのアクセル操作意図を判別分析により推定し，ギヤポジションや後方障害物の有無に関する情報と比較し，表 4.2 の C か D かを判別する構成とした．

ドライバの操作意図の推定方法としてドライバの視線情報を用いる方法[4.11]などが考えられるが，システム構成を簡単にする目的からカメラなどによる視線計測は行わない．また，誤操作の場合，前進するつもりで急激にアクセルを踏む場合が多く，警報音などでは車が発進してしまい，不安全状態回避が時間的に間に合わない場合がある．そこで，ブレーキやエンジン点火系に警報信号を伝達し，ブレーキをかけ，車両を停止するなどの制御介入が考えられる．

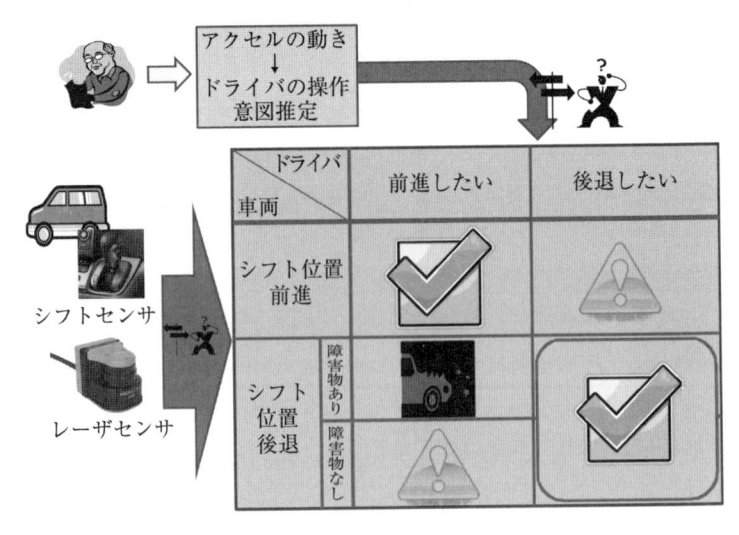

図 4.11　システムの基本構成

4.9 ドライバの勘違いを推定する方法

表 4.2 における状態 C, D などが推定できることを前提にしているが，現実的な状況で推定が可能であるかを検討する．実際に車を運転し，そのときのドライバの操作意図とアクセルの動きを記録し，操作意図の違いによってアクセルの動きに数学的に有意な差が見られるかを検討する．その前に，実際にドライバの操作をデータ化するための準備として，適用場面とシステム要求仕様の明確化を行う．

4.9.1 代表的適用場面の設定

4.8 節で着目した誤操作が発生する場面は，前進操作と後退操作を繰り返す場合に発生すると考えられる．具体的には，図 4.12 の Case A に示すような後退駐車場や Case B のような縦列駐車などでは，後退・前進の短距離移動操作が繰り返され，前後操作レバー位置とドライバ自身の操作意図の間に不整合が生じることがある．また，Case C に示すような T 字路において自車 a が隘路に左折した先に前方車 b がおり，かつ自車 a の後方道路上に c 車が存在する場合など，a 車は，前進・後退を繰り返しながら b 車とすれ違うことになる．こうした場合にも，誤操作が誘発されると考えられる．また，Case B や Case C で自車 a の後方に車両 c が存在しない場合，ドライバは比較的長い距離を後退操作してスムーズにドライバが意図した配置に移動しようとする．

こうした状況下でドライバの誤操作に対する運転支援を行う．Case A から

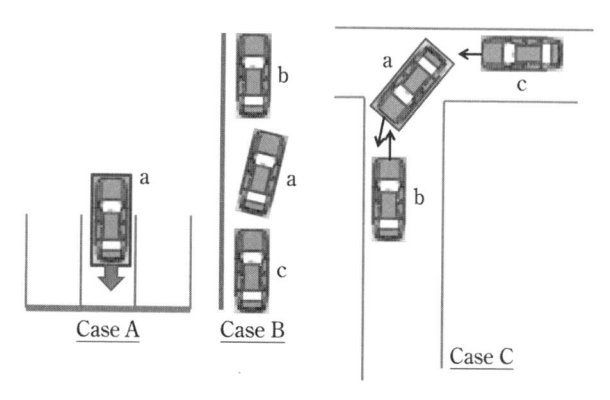

図 4.12 前後移動の操作モード

Case Cに代表される具体的な運転場面を考慮し，ドライバの後退操作において，注意深く後方障害物への接触を回避すべく運転する距離を後方1 mとし，後方障害物がなく後方にある程度の距離移動するように後退操作をする場合の後方距離の余裕を3 mと設定した．

4.9.2 操作意図推定と誤操作回避アルゴリズム

ドライバの操作意図推定手法として判別関数を用いる．あらかじめ，ドライバごとの通常車両前進時や車両後方に障害物が存在するときのドライバ操作挙動を帰納的事例として収集し，アクセル開度とその差分値から判別関数のパラメータを同定する．多様なドライバの操作特性を考慮するためマハラノビス汎距離を判別に用いた．レンジファインダによって実際の後方障害物配置を観測して，ドライバ挙動が不適切であれば，誤操作と判断する．

図4.13に，運転支援アルゴリズム概要を示す．シフトレバーが「後退(R)」の場合，後方の障害物位置をレンジファインダによって観測する．また，ドライバのアクセル操作を観測し，上述した操作意図推定モデルを用いて操作意図を逐次推定する．「後退(R)」のシフト位置でありながら，「前進」走行の操作意図が予測され，かつ車両後方1 mに障害物が存在した場合は誤操作であると判定し，制動介入などの処置を行う．ただし，車両後方3 mの障害物であるなら

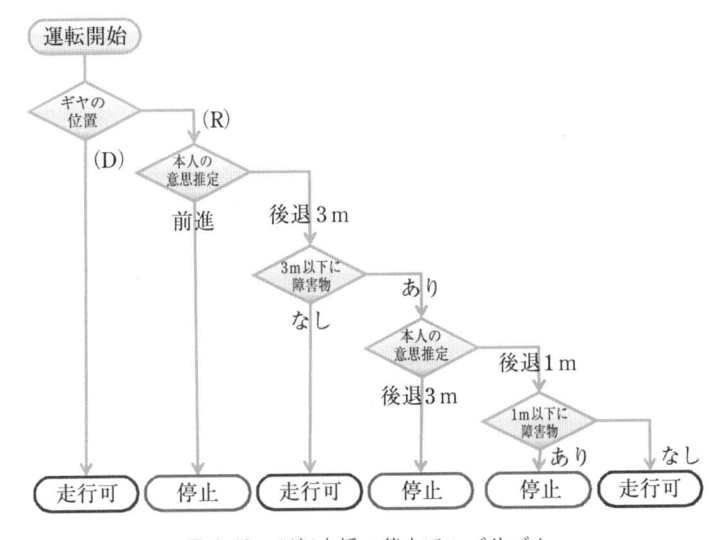

図4.13 運転支援の基本アルゴリズム

ば，時間的余裕があるため制動介入は行わず，警報音などの Soft warning [4.12] により誤操作を伝達する．また，アクセル挙動の推定が「後方 1 m」である場合は，ドライバは状況を認識して操作しているものと判断し，警報などの運転支援を行わない．

4.10 車両システムへの適用と評価

4.10.1 帰納的データの収集

上述したアルゴリズムを前提に操作意図推定モデルを同定するためのデータを収集する．図 4.14 に示すように，排気量 49 cc の小型四輪車両「MC-1」に光学式アクセル開度センサ，後方監視用にレンジファインダ「UBG-05LN」を設置し，後方障害物配置の位置を変えて複数のドライバのアクセル操作を観測する．

表 4.3 の属性をもった 3 名のドライバに表 4.4 に示す指示を行い，十数回運

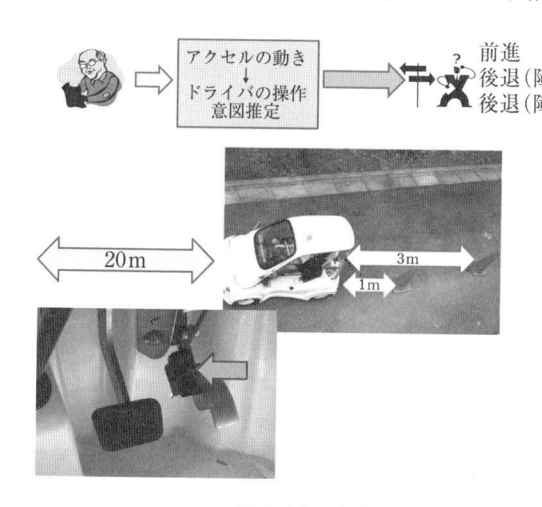

図 4.14 実験の様子

表 4.3 実験データを取集した被験者の特性

	被験者 A	被験者 B	被験者 C
性別	男性	男性	女性
年齢	22 歳	21 歳	21 歳
運転頻度	毎日	毎日	月に 1, 2 回程度

表 4.4 被験者への操作指示

指示内容	指示の状況
指示 1	自由に前に発進 (20 m 以内に障害物なし)
指示 2	障害物に気をつけながら後退 (障害物 1 m)
指示 3	障害物に気をつけながら後退 (障害物 3 m)

転し,十分操作になれたあと,それぞれの指示に対するアクセル開度を 100 ms ごとに記録する.各指示に対して 10 回分のデータを蓄積する.

4.10.2 データ分析と操作意図推定モデル同定

ドライバの操作意図に関わる情報は,アクセル開度とその変化量の時間的変化に現れる可能性が指摘[3.5]されている.そこで,アクセル開度を 100 ms ごとにサンプリングしたセンサ出力値を y 軸,その差分値を x 軸とし,車が停止状態 (アクセル全閉) から動き出して 1 秒後までの操作点の時間的変化をプロットする.

図 4.15 に,被験者 A の各運転指示に対する操作点分布を示す.障害物のない前方に通常

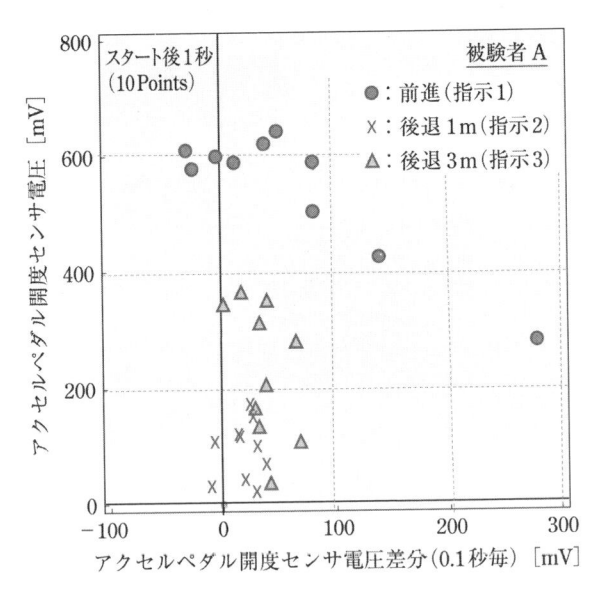

図 4.15 被験者 A の操作点分析

4.10 車両システムへの適用と評価　73

発進するときの分布が前進 (指示 1) (●) である．後方 1 m に障害物存在しており，注意しながら後退操作 (指示 2) (×) した場合と，後方 3 m まで障害物ない状況での後退操作 (指示 3) (▲) を示す．

図 4.16 に，被験者 A に対して，車両停止状態から三つの操作指示に対して，停止状態 (アクセル全閉) からアクセルペダルを踏み始めて 0.3 秒後までのデータを表示する．マークのそばの数字は，操作開始 0.3 秒までのアクセル操作のシーケンスである．また，それぞれ軸に平行に伸びる線の長さは，10 回データ収集したときの標準偏差の値を表している．三つの操作指示ごとに踏み始めから 0.3 秒の範囲においては，それぞれ三つのクラスタが確認できる．

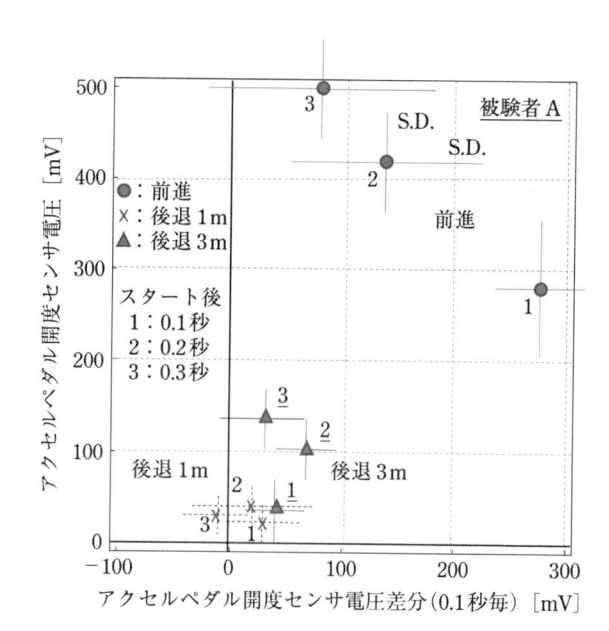

図 4.16 操作点移動履歴 (被験者 A)

被験者 B, C について示した図 4.17, 図 4.18 によれば，アクセル操作データ分布の個人差が大きく，各ドライバに共通の普遍的なモデルにより操作意図推定することは難しい．そこで，個々のドライバのデータ分布を陽に考慮するため，マハラノビス汎距離を用いた判別分析に基づく操作意図推定モデルを同定する．

表 4.4 に示したように，運転指示が 3 パターンであることから 3 群の判別分析問題として扱う．他の群との近似性を求めるために，最終的な判別定量値としては，それぞれの群までのマハラノビス汎距離より確率密度関数を求め，それぞれの群に属する確率として最終的な値を算出する[4.13]．未知の観測値 x を入力し，判別関数式の操作により属する群を決定して，各群への確率を出力す

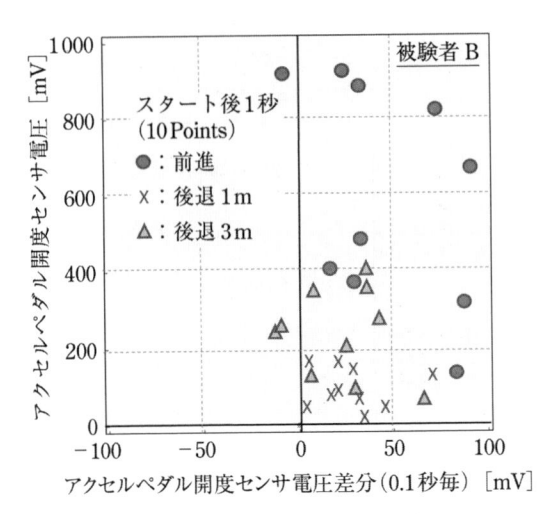

図 4.17 操作点移動履歴 (被験者 B)

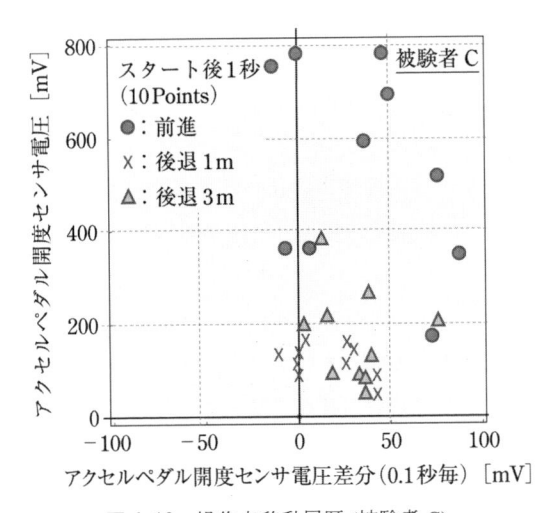

図 4.18 操作点移動履歴 (被験者 C)

る過程を操作意図推定モデルと呼ぶ．具体的には，あらかじめ収集した帰納データから判別関数のパラメータを算定しておき，逐次入力される未知のデータ x に対してリアルタイムに判別群を算定する．

今回の観測データにおいて，すべての被験者で「前進」と「後退 1 m」の判別においてのみ有意水準 1 ％ で両群の母分散共分散行列は異なっており，帰無仮説が破棄される．しかし，ボックスのＭ検定における P 値が非常に小さいことと後述する誤判別確率が小さいことから，判別結果をそのまま用いた．他の判別においては，すべて母分散共分散行列が等しいと仮定できる．

4.10.3 判別に要する観測時間の検討

ドライバのアクセル操作意図を推定する際，ドライバがアクセルを踏み始めて，できるだけ早くドライバの操作意図を判定する必要がある．そこで，ドライバの操作意図推定精度と観測時間との関係を検討した．意図推定精度の指標としては，マハラノビス汎距離より求めた誤判別確率を用い，直観的に理解し

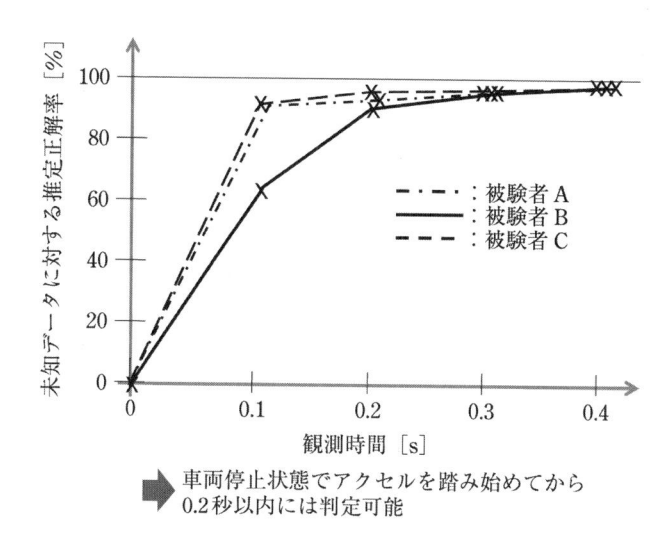

図 4.19 推定決定に必要な観測時間 (前進 / 後退 1)

やすいように 100 % から誤判別確率を減じた値を y 軸の値とする．

図 4.19 に示すように，被験者 A, C は，アクセル全閉後，最初の 100 ms で「前進」であることを推定できている．一方，被験者 B においては，誤判別確率の最小値がアクセル全閉後 2 データ サンプル，すなわち 200 ms 後に対応し，その後，時間とともに推定正解率が上昇する．

以上の結果から，今回の被験者においては，アクセル開度データを 200 ms 観測して推定結果を確定する．車両が停止状態から瞬時に初期加速度 0.3 G 程度で発進したとしても，200 ms でおよそ 0.06 m 程度走行する．この程度の距離の移動範囲内に操作ミスが検出でき，制動制御介入ができるならば，事故回避に有効な効果が期待できる．

4.10.4 判別確率による評価と誤判定時の対応

判別分析によって得られた推定値の判別精度について詳しく評価する．評価指標としては誤判別確率を用いる．被験者ごとの判別確率を表 4.5 に示す．横列が実際に意図した運転方向で，縦列がそのときのアクセル操作データ 200 ms 分から予測した判別結果を表す．たとえば，被験者 A において，「後方 1 m」に注意しながら後退した実操作に対して，14 % は「後方 3 m」の操作と誤って予測し，「前進」と推定する誤判別確率は 0 % である．したがって，正しく判定

表 4.5 被験者ごとの判別確率

		実際の動作		
	被験者 A	前進	後退 1m	後退 3m
	前進	100	0	0
	後退 1m	0	86	14
	後退 3m	0	14	84
	被験者 B	前進	後退 1m	後退 3m
予測	前進	76	0	24
	後退 1m	0	100	0
	後退 3m	24	0	76
	被験者 C	前進	後退 1m	後退 3m
	前進	100	0	0
	後退 1m	0	72	28
	後退 3m	0	28	72

する確率は，86％となる．全体として，実際の操作意図が「前進」と「後退1m」の場合，判別は比較的良好であるが，「前進」を「後退3m」と誤って判別したり，「後退1m」を「後退3m」と誤判別する場合が少なからず見受けられる．誤操作回避という目的のために重要な判別は，車両が後退モードでもドライバが前進しようとする意図を見つけることである．被験者 A，C は完全に誤操作を回避できる．被験者 B においては，前進しようとするアクセル操作を「後退3m」と誤判別するケースがあるが，万が一，誤検出した場合でも，後方を監視するレンジファインダにより 1m 以内に障害物があるならば，制御介入することで誤判別に対してもシステムを安全側に誘導できる．

また，本研究では，ドライバの意図する後退操作に対して不要な運転支援を行わないことも重要な要素である．各被験者において，「後退1m」の操作に対して「前進」の誤判別はない．仮に，未知の被験者に対して「前進」と「後退1m」が判別できない場合があったとしても，それは前進操作を注意深く後退操作と同じように運転しているということであり，構造的に不安全な状態を招くものではない．被験者 B において「後退3m」を「前進」と誤検出しているが，「後退3m」の推定に対して「後方1m」に障害物が存在しなければ，何ら警報を発しないため，煩わしい運転支援にならないと考えられる．

4.10.5 システムとしての評価

提案する運転支援システムのクリティカルパスは，ドライバの操作意図推定である．3名の被験者に対してパラメータ同定に使用しなかったアクセル操作データを入力し，ドライバごとの判別的中率を算定する．入力した被験者ごとの30データに対して，アクセルを全閉から踏み始めて 200 ms 後の観測データの判別的中率を表 4.6 に示す．誤判別確率を指標とした場合と大きな定性的な

違いは認められない．判別的中率を用いても，前進操作に対して「後方 1 m」と推定する例はなく，「前進」と「後退 1 m」のアクセル操作の違いは顕著に認められると考えられる．

運転支援システムとしての評価に関して検討する．ドライバが誤認識して前進しようとしたアクセル操作を「前進」と正確に推定すれば，図 4.13 より的確な運転支援が行われる．しかし，

表 4.6　観測データの判別的中率

		実際の動作		
	被験者 A	前進	後退 1m	後退 3m
	前進	100	0	0
	後退 1m	0	90	0
	後退 3m	0	10	100
予測	被験者 B	前進	後退 1m	後退 3m
	前進	70	0	0
	後退 1m	0	700	10
	後退 3m	30	30	90
	被験者 C	前進	後退 1m	後退 3m
	前進	900	0	0
	後退 1m	0	90	10
	後退 3m	10	10	90

前進操作を「後退 3 m」と誤判定した場合でもレンジファインダにより後方 3 m 以内に障害物が存在すれば警報音をならす．後方 3 m 以内に障害物がなければ何もしない．「後退 3 m」の判別は，「前進」の判定よりもアクセル操作の動きが小さいので，制動介入せず警報音のみとする．したがって，ドライバの前進操作を「後退 3 m」と誤判別をした場合でも，安全上の問題は起こらないと考えられる．

また，ドライバが後方状況を把握して意図的に後退走行する場合を考える．1 m 以内に障害物があり，注意深く走行している状態を「後退 1 m」か「後退 3 m」と判定する．「後退 1 m」と推定されれば運転支援介入しない．また，「後退 3 m」と誤判定された場合，後方 3 m 以内に障害物があれば警報が提示される．この場合，再度，より静かにアクセル操作をすることにより「後退 1 m」への判定が行われ，警報音を回避することができる．また，より静かにアクセルを操作させることにより，安全な後退を行うことができる．

4.11　誤操作回避運転支援のまとめ

操作者の機械操作時の認知エラーに起因する誤操作に着目し，自動車運転時の前進・後退操作のスリップに注目した．ドライバのアクセル操作意図をアクセル開度と，その変化量から多群判別分析によりマハラノビス汎距離を用いて

推定する．一方，レンジファインダにより車両周囲の障害物位置を検知し，上述した操作意図と障害物配置との関係が合理的に判断できるとき，意図的な操作と判断して，運転支援介入せず，合理的に判断しにくい場合にヒューマンエラーと判断して警報や制動などの運転支援介入を行うシステムを提案した．

ドライバの操作意図を推定することにより，不必要な警報や煩わしい警報の低減が行える．単純に障害物との距離によって車両の警報や制御を行うのではなく，ドライバの操作意図を考慮して障害物と車両の距離を解釈し，そのドライバの操作意図に即した警報や制御介入を行うことが本質的で重要であると考える．

こうした手法の確立は，ドライバが障害物への接近を十分知覚しながら操作する場面において有効であり，余計な警報などを発しないことにより，人間と機械との関係において，人間の機械に対する Trust [4.14] を醸成するシステムと考えられる．ドライバの操作意図の推定が完全に正確でない点を考慮すれば，構造的に上述した意図的なドライバ操作に対して 100 % 不必要な警報や制御介入を排除するものではないが，物理的な距離のみによる警報などに対して安全性は変わらず，ドライバへの親和性を改善したシステムの設計法が重要である．

5章 必要なときに必要なことを運転支援するために

3章では，走行環境に潜む運転のしにくさを解決するための運転支援を説明し，4章では，ドライバの癖やエラーに対する運転支援について説明した．

本章では，知能的な運転支援がドライバにとって余計なお世話にならないで，必要なときに必要なことを運転支援する有効な装置となるための方法について考える．

5.1 ドライバの期待に応えるための方策

いままで述べてきたように，自動車運転操作系はクローズドループ制御系とみなすことができる．この制御系において，ドライバは，経験的に体得した知識に基づく認識・判断・計画などが行われる．ドライバの運転操作プロセスを自動車機械の中にモデル化し，このモデルを参照しながら自動運転の制御特性を決定することができれば，ドライバの車両挙動期待に整合した自動運転車両制御が実現する可能性があると考えられる．このことを，ACCを例にとって考えてみる．

図5.1に，ACCにおける制御装置とドライバの操作機能について示す．上述したように，制御装置の操作量としてドラ

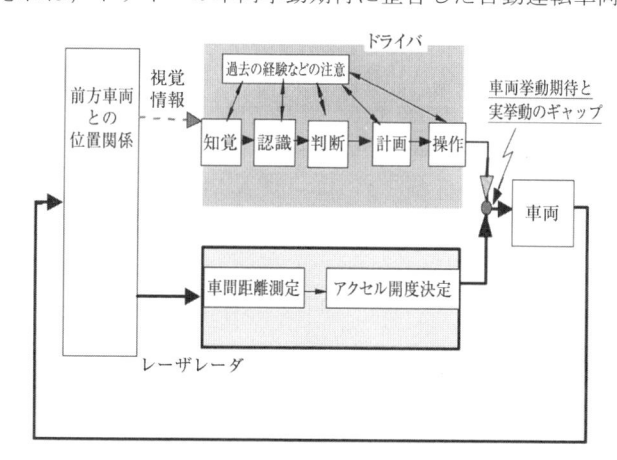

図5.1　ACCにおける制御装置とドライバの操作機能

イバの車両挙動期待にそぐわない指令値が出力され，その結果をドライバが車両挙動期待との違いとして認識したとき，ドライバは ACC 挙動に大きな違和感をもつ．たとえば，「ACC で前の車に接近しすぎている」とか，特定の状況下で「加速が足りない」などの違和感が発生する．この違和感が生じる原因はどこにあるのか検証する．

5.2 運転支援の知能とドライバの知能の違い

ACC のセンシングデバイスとしては，レーザレーダ，ミリ波レーダ，カメラなどがある．また，ITS 分野全般に拡大すれば，IR センサ，ナビゲーションシステムなどもセンシングデバイスとして考えられる．レーダ，カメラなどのセンシング(知覚)・認識機能に起因する違和感の発生する原因を 表 5.1 に示す．

5.2.1 知覚機能に関する課題

表 5.1 の(1)は，センサの高ダイナミックレンジ化，S/N 比の改善，検出範囲の拡大などセンサデバイス単体の改善による課題と考えられる．たとえば，ミリ波レーダではマルチパス対策，カメラにおいては検出物体に対する光学的ロバスト性の向上など検出精度向上の問題がある．

検出精度は，センサヘッドの性能のみによらず，検出のためのアルゴリズムと一体に論じられるべきであるが，少なくともセンサデバイスが検出対象物体を正確に知覚しなければ，後段の検出アルゴリズムによる処理も活きてこない．つまり，ドライバが知覚しているものと知能機械が知覚しているものが異なることによって違和感が発生すると考えられる．それは，見ている対象が異なる

表 5.1 知覚・認識の課題

	課題	課題場面 (手動運転なら特に気にならない場面)
(1)	知覚 (センシング) 機能の問題	・トンネルの出入口での先行車追従 ・前方斜めから進入してきた車両
(2)	認識：主観的な走行環境の認識	・高速道路を走るのが苦手で，車間距離をあけて走りたい ・雨が降り出し交通量も多いので，用心して走りたい
(3)	認識：自車に影響のある状況なのかわからない	・道路上に書かれている標識 ・車線変更を繰り返しながら通り過ぎていく車
(4)	認識：見えてないものを予測することが困難	・前方で追い越し車線の車が減速を始め，自車線に入ってきそうなので減速した ・隣接 2 車線で，キャリアカーと乗用車が並走している

という場合もあるが，同じ対象を見ていても見え方が違うということもある．

5.2.2 認識機能に関する課題

表 5.1 において，(2), (3), (4) の課題に着目する．これらの問題は，いくらセンサデバイスの知覚機能を高性能化しても解決されない．仮に，状況が完全に知覚されたとしても，その状況を認識し，理解する検出アルゴリズムが必要である．物体の存在は，センサによって知覚されても，それが自車に及ぼす影響を認識しなければ本当に物体を検出したことにならない．たとえば，道路上に書かれた文字を障害物として検出しないように，センサからの検出情報を分析して「ブレーキをかける対象ではない」と判断する必要がある．このプロセスが対象の認識であり，通常，認識しようとする対象に関するドライバがもつ知識と同じような知識データがなければ，状況を理解し，判断や車両挙動の計画を決定することは難しい．

現行の ACC システムでも，上記ルールや知識の一部を考慮した手続きは，センサ信号を処理する検出アルゴリズムの中で論理手順として表象される．小規模な知識による認識過程ならば，検出アルゴリズムのフローチャート作成時に反映することができる．しかし，考慮するべきルールが増大し，知識が複雑になるにつれてフローチャートや制御アルゴリズムが煩雑になり，ルールや知識を管理し，認識するための新しい枠組みが必要となる．環境を認識するための知識表象として，人工知能で扱われる知識構造[5.1]やサブサンプションアーキテクチャ[5.2]で扱われるような行動ベースを用いた知識表象などがある．自動車分野においては，ファジィ (Fuzzy) 知識ベースによる環境認識の事例[3.5]やニューラルネットワークを用いた推論のフレームワーク[5.3]などが提案されているが，ITS 分野に共通して利用できる普遍的な知識表象の手法は，まだ確立されていない．

こうした環境を認識するための機械知識の課題は，ドライバのメンタルモデルにおけるルールベースや知識ベースを機械の知識に反映するための方策に強く関係している．「ドライバは何を見て判断しているのか」という事例ベースの帰納的類推から機械知識が設計されると考えられるが，人間の知識構造の深さをそのまま機械の知識として実現することは容易ではなく，いかに，少なくて重要な知識によってメンタルモデル内のルールベースや知識ベースを近似する

かが重要な課題と考えられる.

表 5.1 の (2) に着目する. これは, 人間が認識する道路環境は, 機械が認識する道路環境と異なることを示す. たとえば, 物理的に高速道路であり, 車両が視覚的センサなどにより高速道路形状を客観的に認識したとしても, そのドライバが初心者で高速道路を走行することを苦手としているならば, そのドライバにとって, 高速道路は心理的には細い道として認識されるかもしれない. したがって, ドライバがどのように走行環境を認識しているかを考慮することなく, 物理的・客観的な道路構造のみで走行環境を認識すると, ドライバの意識と車両の制御特性の間に大きな差異が生じる. こうした問題に関しては, ドライバの走行環境認識特性を考慮した研究[5.4]などがある.

5.2.3 判断機能に関する課題

メンタルモデル内の判断機能に関するルールベースや知識ベースの欠如に対応する課題を **表 5.2** に示す.

表 5.2 判断の課題

	課題	課題場面
(1)	自動運転系挙動の判断: 車両挙動の了解性	・70 m 前方で隣接車線から車が自車線に入ってきた. 特に ACC 走行速度の変化がなかった (相対速度が同じだった) ・前方車両がいなくなったのに加速を感じない
(2)	自動運転系挙動の判断: 車両挙動の再現性	・さっきは減速したのに, 今度は減速しなかった (状況は, 明らかに違っているのだが, ドライバが気がつかない違いだった)

5.2.4 車両挙動の了解性

ドライバは, 常に自車と周囲の車両の動きを把握し, その相互の車両挙動を運転というコンテクスト (文脈) の中で理解し, 車両挙動を判断しようとする. ここで, コンテクストに不整合と感じられる車両挙動が観測されると, 大きな違和感や不安を覚える. 表 5.2 の (1) のように, 前方車両がいなくなっても, その走行速度があらかじめ設定した速度近傍の場合は大きな加速感は得られない. また, 勾配や乗車人員など走行抵抗が大きい場合, 制御指令として加速はしているのだが, ドライバが思い切ってアクセルペダルを踏み加速するような大きな加速度が生じない場合がある.

基本的に, 制御戦略はドライバと同じ戦略をとりながら, その結果がドライ

バの考える挙動にならない場合が存在する．

5.2.5 車両挙動の再現性

ACC 運転中，自車両が減速した．このとき，ドライバは減速した事実とそのときの走行環境を帰納的事例として記憶する．しばらくして，ほぼ似たような状況がドライバに認識された．ドライバは，過去の帰納的知識から今回も減速すると判断する．しかし，車両は減速しない．したがって，ドライバは混乱する．

これは，ドライバメンタルモデル内の知識ベースやルールベースによる判断内容を越えて，ドライバに制御車両挙動が理解しにくい形で知識を機械に設定してはいけないことを示している．たとえば，ドライバが記憶できないほど過去からの挙動履歴によって現在の挙動が決定されたり，多数のセンサ情報から制御特性が決定される構成とすると，自動制御システムとしては決定論的に再現よく動作しているにもかかわらず，ドライバには再現性がないように判断される．あまり複雑な挙動決定のアルゴリズムは車両挙動に対するドライバの判断を困難にする要因と考えられる．

5.2.6 計画機能に関する課題

課題を表5.3に示す．ドライバが助手席に乗り，人の運転を見ていると，前の車との車間距離などが近く感じて，思わずドライバに「もっと車間距離をあけろ」ということがある．しかし，実際には自分が運転している車間距離より十分大きいのに，自分が運転していないと危険に感じる．つまり，車両挙動が自分の操作によらない場合，車両挙動に関わる余裕に対する行動計画が変化すると思われる．これは，自動運転特性は，ドライバと同じ操作特性を実現するドライバの なぞりモデルをそのまま認識・判断・計画に当てはめることができない場合があることを意味している．

たとえば，本章の後半で詳しく説明するが，急な下り坂を惰性走行している

表 5.3 計画の課題

	課題	課題場面
(1)	運転計画の違い： 自分で運転するときと自動で運転されるときの運転特性の違い	・70 m 前方で隣接車線から車が自車線に入ってきた．特に，ACC 走行速度の変化がなかった (相対速度が同じだった) ・前方車両がいなくなったのに加速を感じない

場合，自分で減速動作をする時期と自動で減速動作が行われる時期は異なっている[(5.5)]．自動操作による減速時期のほうが手動操作のそれよりも早く動作させなければ，ドライバは不安を感じる．操作制御の主体として車両の操作計画をしている場合と，自律的操作を客体として挙動を観測している場合の心理的な状況把握の差異に起因した現象だと考えられる．こうした観点から，自動運転制御系特有の制御特性を検討する必要がある．

5.3 ドライバが車両挙動に違和感を覚えないための方策

　以上列記した複数の課題は，センサデバイスの進歩や自動制御系のアルゴリズムを工夫することによってある程度改善される可能性がある．たとえば，5.2.2〜5.2.6項で述べた知識を用いて画像情報などを認識するためには，高速のハードウェアが必要となる．1フレームごとに画像処理結果や状況認識結果を出力するには，処理内容にもよるが，およそ300 MIPS以上の処理速度が必要と考えている．しかし，システムの機能向上について，コストの課題は重要なファクターであり，基本的にポテンシャルコストが車載適用可能な範囲でなければ，システムとしてのCost/Benefitの評価において非現実的な解となる場合がある．環境認識センサの高性能化と知識を導入でき，かつリーズナブルなコストで高速な演算が行えるハードウェアの実現が求められている．

　こうした，処理速度向上やセンサデバイス性能の向上などのハードウェアの進化が必要条件となるが，それだけでは自律走行車は実現しない．ドライバが安心して自動運転系に介在するためには，ドライバの運転行動解析などの認知科学的検討によりドライバのメンタルモデル内のスキルベースやルールベースの特性を明確にしなければならない．また，推論エンジンなどのアーキテクチャも検討しなければならない．これからのITS制御時代に向けて，さらに積極的にドライバの走行環境の知覚・認識・判断・計画に注目しなければならないと考えられる．そして，将来の自動運転においては，完全に人間の運転特性を模倣することによって機能を代替する自動運転ではなく，人間にとってフレンドリーな特別なインタラクションをもったスレーブとしての自動運転システムの挙動特性が求められる．

5.4 ドライバ運転操作のモデル化

前述したように，運転操作系はクローズドループ制御系とみなしたとき，ドライバは，目や耳などから走行環境を知覚し，状況の認識・判断を行う．そして，車両に対する操作量が計画され，アクセル，ハンドル，ブレーキ操作などが行われる．ドライバは，経験的に体得した知識に基づく認識・判断・計画などを行う．ドライバの運転操作プロセスを自動車機械の中にモデル化し，このモデルを参照しながら自動運転の制御特性を決定することができれば，ドライバの車両挙動期待に整合した自動運転車両制御が実現する可能性があると考えられる．

ドライバが期待するときに，期待する動作が制御できれば，それは理想的な運転支援と考えられる．ドライバが意識していないときに運転支援が介入する場合は，比較的イベントに対して余裕時間がない場合であり，この場合は，その運転支援の制御特性についてドライバはあまり不満をいわない．しかし，十分余裕時間があり，ドライバが運転支援の制御特性を観察できるとき，ドライバの期待と実際に行われる制御特性との整合性が重要となる．

上記の ACC で自動的に制御される前方車両との車間距離や，前に車が減速したときの自車の減速量や減速開始タイミングの設定が，こうした問題に対応する．そこで，ドライバが自分で運転を行う場合，どのように車両挙動を考えて運転しているかを考える．図 5.2 に示すように，運転操作というクローズドループ系の中で，ドライバは「車をこう動かしたい」という意識，もしくは潜在的な意識を陰に表

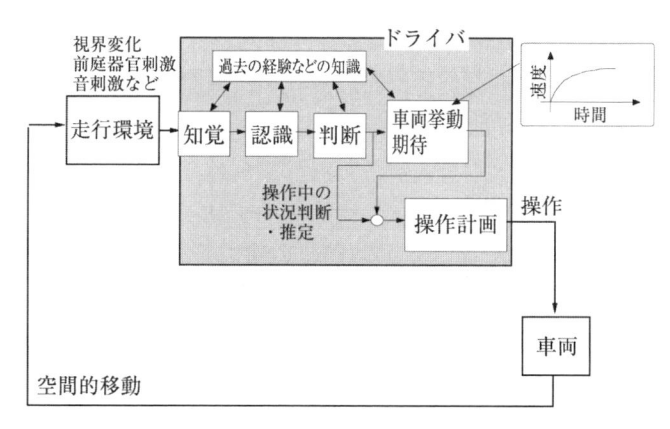

図 5.2 ドライバの車両挙動期待を考慮する枠組み

象し，その車両挙動期待に基づき視覚的なフィードバックなどを動員して運転操作を行っている．つまり，図5.2のドライバ自身に内在するこうした車両挙動期待に関する特性と同じものを運転支援の装置側で準備すれば，ある程度ドライバの期待が予測でき，その予測に整合した運転支援特性が得られると考える．表5.1～表5.3で言及したデバイスや処理アルゴリズムなどに起因するドライバ違和感発生要因を図5.2の車両挙動期待を表象するモデルの特性におき換えて考えれば，ドライバと運転支援による挙動との齟齬を軽減する手法が見つかると考えられる．

もちろん，車両挙動期待の具体的な関係記述手段や，どのようにドライバの頭脳中に表象されているかは明らかではないが，少なくとも，そうしたフレームワークをベースにして運転支援装置を考えることにより，「ドライバが期待するときに期待することをしてくれる運転支援を実現するための枠組み」と考えることができる．そこで，ドライバの車両挙動期待を生成する過程や，ドライバの操作を行う過程自体を工学的にどのように表現するかが重要な課題となる．ここで，いくつかのドライバモデルの例を紹介する．

ドライバの状況認識から行動までの過程をメンタルモデル化[5.6]する試みがある．Norman[5.7]は，図5.3のように人間行動の動作形態(モード)を体験的モードと内省的モードに分類した．体験的モードは，体得された行動であり，あまり意識しないで行動が発生する．一方，内省的モードは，自己の経験の演繹的推論や論理的思考から行動が規定される．また，Rasmussen[5.8]は，人間の情報処理機能の検討から図5.4のモデルを提案している．認識・判断・計画などの機能が，

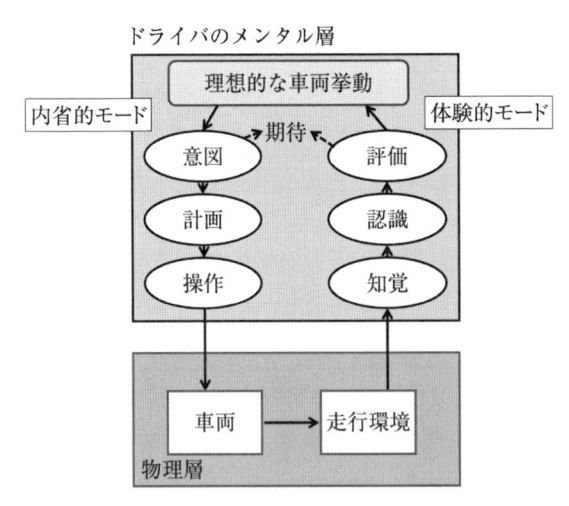

図5.3 Normanのモデルをベースに自動車用に書き換えたモデル

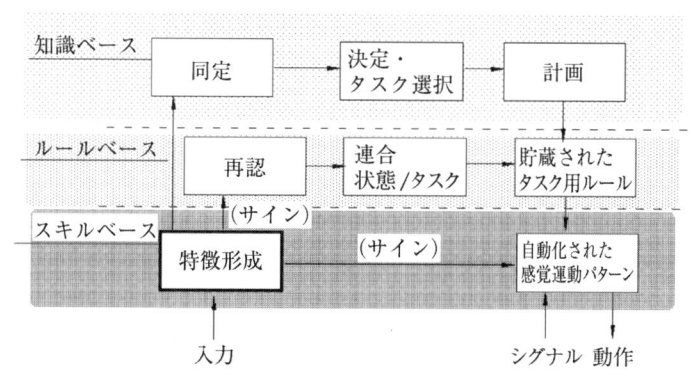

図 5.4 Rasmussen のモデル

スキルベースモデル，ルールベースモデル，そして知識ベースモデルの三つの階層構造によって表現される．Rasmussen モデルにおいて，スキルベースモデルから知識ベースモデルに階層が上がるにつれて高度な認識・判断・行動が行われる．アクセル，ブレーキおよびハンドルを協調的に操作するためのスキルベースが情報処理機能の最低層に位置し，車両の位置関係や運転計画の多くの部分は，経験的に獲得した帰納的ルールベースによって誘起されている．そして，前方車両の挙動から接近危険と感じて車間距離を長くしたりする状況予測・複雑な行動計画などは，最上層の知識や，それによって帰納的に類推される知識ベースモデルによって誘発されていると考えることができる．

前述の図 1.4 を書き換えた図 5.5 に示すように，ドライバモデルを組み込む

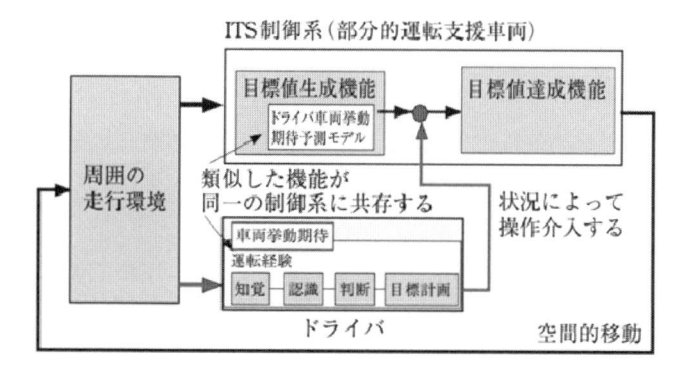

図 5.5 運転支援装置へのドライバモデルの適用

ことによって人間が期待するように動作するシステムができると考えられる．問題は，人間の意図や期待を正確に推論する方法論を確立することであると考えられる．しかし，一方において，構造的に機械の中に人間と同じ心を実現しても，それだけでは人間が満足しないという事実がわかってきた．その事実について，5.5節以降で詳しく説明する．

5.5 自動で制御されることと手動で制御することの違い

ドライバが期待する車両挙動期待と実際にITS制御系によって制御される車両の実挙動の間に不整合が発生することにより，ドライバは車両挙動に関して違和感をもつ．「早くブレーキをかけすぎる」，「車間距離が長すぎる」など，自動制御系に対する不満をもつ．電車の乗客のように，ドライバがまったく運転操作系から乖離しており，車両挙動に関心がなければ，こうした不満は生じない．しかし，ITS分野の発展を鑑みると，電車のようにドライバが車両制御系から完全に分離される完全自律走行の実現は容易ではない[5.9]．

当面，ドライバがITS制御ループの外から観察し，必要に応じて制御ループ内に介入するシステムが主流と考えられる．したがって，ドライバが期待する車両挙動と実際に制御される車両挙動の整合性に関する問題は構造的な重要課題である．

5.5.1 課題解決検討場面の設定要件

自動制御操作介入による運転支援としては，操舵系支援(自動ハンドル操作補正制御など)，駆動系支援(自動アクセル操作補正制御など)および制動系支援(自動フットブレーキ操作補正制御・自動エンジンブレーキ制御など)がある．ドライバの車両挙動期待と実挙動の整合性を検証するためには，ドライバの操作特性と自動制御系の特性が明確に分離・特定できる必要がある．さらに，ドライバの操作を規定する運転環境に関するパラメータが多様であると，自動制御との対応を検討することが繁雑になる．

こうした視点から上記の運転支援対象を検討すると，操舵系支援は，時空間的に複雑な周囲状況によってドライバの挙動期待が規定されると考えられ，実験条件の記述や時系列的状況変化の多様性が膨大になる可能性がある[5.10]．したがって，操舵系支援に関しての検討はここでは扱わない．

一般的な運転操作では，ドライバの車両挙動期待は，実車両挙動をドライバが認識しながら時間的に変化する．ある時点でドライバが「加速したい」という車両挙動期待をもっても，アクセルを踏み込み，その結果として急激な加速を感じた瞬間，ドライバの車両挙動期待はすぐに「減速したい」に変化する．このように，ドライバ操作が運転制御系のループの中に常時含まれると，ドライバの車両挙動期待に基づく手動操作と自動制御系による実車両挙動の時間的分離・検討が容易ではない．

5.5.2 具体的検討場面の設定

ここでの検討では，できるだけ課題を単純化し，実車両挙動とドライバの車両挙動期待の差異が明確に判断できるように検討対象を設定した．具体的には，有段自動変速機のエンジンブレーキ制御による自動減速制御操作介入に着目した．

エンジンブレーキとは，走行中，変速比の大きなギヤに切り替えることによって減速力を得る一般的な運転形態である．長い急な下り坂を降りてくるときなどに，自動変速機ではアクセルを踏まないのに加速することがある．このとき，ドライバが変速機のレバーを手動で操作し，変速比の大きなギヤを選択することによってフットブレーキ(ブレーキペダル)を踏まなくても速度上昇を抑え，減速することができる．有段自動変速機の場合，ドライバが手動でギヤシフトレバーを操作して減速するエンジンブレーキは，$0.7\ \mathrm{m/s^2}$ 程度の減速度(負の加速度)が得られる．ブレーキペダルやアクセルペダルのように，時間的に連続量として操作するものではなく，変速比の大きなギヤに ON/OFF 的に切り替えるものであり，選択された変速比によって車両の減速挙動一意に規定される．またエンジンブレーキは，自動制御としてギヤシフトが行われても手動で行ったものとまったく同じ車両挙動を示す点で，人間の操作と自動機械の操作間の動作時期のみに着目すればよい検討対象となる．

運転操作は，時々刻々変化する走行環境とドライバのインタラクションでドライバの操作挙動期待が規定されていると考えられるので，ドライバが手動操作した場面と，その手動操作した時期で自動制御した場面での走行環境やその状況にいたる時間的経緯が詳細には同じでないことが多い．そこで，まずできる限り走行環境を同一に設定して，ドライバがエンジンブレーキ力を得るため

にシフトレバーを操作する手動時期と，ドライバが望む自動制御時期の差異を検証する．なお，惰性走行は，走行路の勾配が同じであり，初期速度をそろえれば，車両の速度，加速度の時間的変化はどの実験でもほぼ一意に設定できる．この場合，手動操作や自動制御が行われる空間的な位置は，時間的な操作時期と同一の意味をもつ．したがって，以下の実験では操作時期は操作位置として記述する．

5.6　エンジンブレーキ開始位置の実車実験

　ドライバがエンジンブレーキを手動操作する位置を走行状況別に検証する．次に，自動的にエンジンブレーキがかかる車両を運転したときに自動エンジンブレーキがかかる時期とその官能評価を観測する．この両者の関係から，ドライバの手動操作位置と自動制御による操作位置との関係を検討する．

　図 5.6 に示すように，下り勾配平均 7 %，左右の見通しがよく，外乱進入を制御できる評価路において，直進路を 100 m ほど惰性走行する．10 km/h 程度の低速でコース進入地点に通過し，実験車を加速して 40 km/h の速度維持区間で速度を安定させ，区間が終わったところでアクセルを戻し，惰性走行を開始する．このとき，ドライバが下り坂における惰性走行のため，加速することに不安を覚え，シフトレバーを 4 速ギヤから 2 速ギヤに手動操作し，エンジンブレーキを動作させる地点を観測する．実験車両は，2 500 cc の日産スカイラインを用いた．操作系などは，まったく通常の車と変わらない．

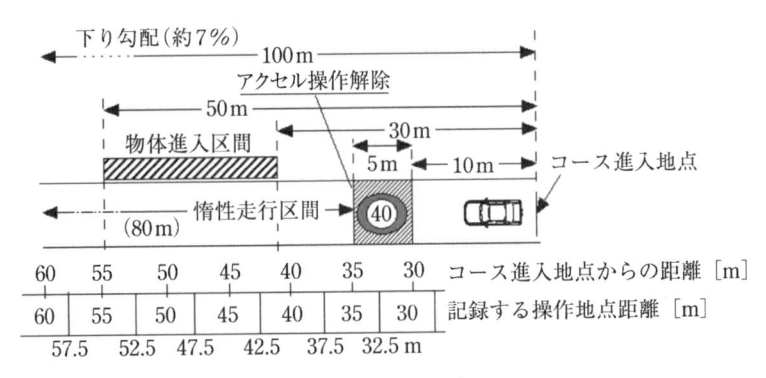

図 5.6　実験コース概要

5.6 エンジンブレーキ開始位置の実車実験

表 5.4 実験で計測する条件

(1)	評価路 (道幅 8 m, 1 車線) で, 周囲から物体進入がないことを知って惰性走行を行うときの手動エンジンブレーキ操作位置
(2)	評価路で周囲任意の位置から物体進入の可能性を示唆したときの手動エンジンブレーキ操作位置
(3)	(1), (2) よりも道幅の狭い評価路 (道幅 4 m, 1 車線) で, 物体進入がないことを知って惰性走行を行うときの手動エンジンブレーキ操作位置〔幅以外の状況は, 表 5.6 の (5) に同じ〕
(4)	(1), (2) よりも道幅が狭い評価路で, 周囲任意の位置から物体進入の可能性を示唆したときの手動エンジンブレーキ操作位置

図 5.6 のコースにおいて, 外乱の影響を検討するため, 表 5.4 に示すような条件で手動操作位置測定の実験を行った. 操作位置については, 図 5.6 に示したように, 走路を 5 m おきの区間に分割し, この区間内の代表値を操作位置とする. エンジンブレーキを操作し始めるときの車両速度は 40 km/h 以上であり, 秒速 11 m 以上に相当する.

実験は, 3 名の被験者が行った. 各被験者の特徴を表 5.5 に示す. 実験のやり方は, 各被験者が 1 回の試行ごとに交代運転して 10 回コースを走行する. 試行を繰り返すことにより視覚的な特徴物が操作のポイントに対応してしまうことを懸念して, 被験者には「車両乗り心地の全般的評価に関する実験」と説明し, 実験の趣旨を伝えていない. ただし, 被験者には, 自動変速制御の動作時期や進入物体が出てくる可能性があるときのエンジンブレーキ制御位置などについて質問せざるをえないため, サスペンションの特性, オーディオの特性に関する評価, 運転のしやすさなど, 運転性能全般についての複数のカムフラージュ問題を設定し, 多数の評価視点を同時に評価する構成とした.

実験後の感想でも,「視覚的にシフトレバー操作時期を規定していた」とのコメントは聞かれなかった. なお, 検討データは, 実験走行に慣れ始めた試行 3 回目から 7 回目までの 5 回分のデータを用いた. 実験は 10 回目まで行ったが,

表 5.5 実験を行った被験者の特性

	年齢	性別	運転経験	運転特性
被験者 A	31	男	ときどき運転する	運転操作円滑
被験者 B	30	男	ほとんど運転しない	慎重運転傾向
被験者 C	36	男	ほとんど毎日運転する	運転躁作円滑

最終回に近づくにつれて，慣れや疲労などの原因によりデータがばらついたため，7回までの5回分のデータを解析した．

表5.4の(2), (4)における進入物体は，コース上の40 km/h 速度維持区間(5 m)を越え，15 mほど惰性走行した30 m地点以降50 m地点までの任意の位置で，1 m^3 の物体(ダンボール箱)を道路側方端部から突然コース上に投下する．このときの被験者のタスクは，物体にぶつからないようにすることである．

道幅が8 mの場合，道路端部から進入物体を道路上2 mほどの位置に投下する．車は，道路端部から4～5 m離れたところを惰性走行するため，進入物体が投下されても，車両に直接接触することはない．このことは，被験者に特に伝えていない．

一方，道幅が4 mの場合，道路端部から2 mの位置まで物体が進入するため，車両との接触が避けられない場合がある．投下するタイミングは，投入位置に対して15 m手前を車が通過した時期とした．これは，45 km/h 程度で惰性走行しているときに，前方に障害物を発見し，フットブレーキを操作し，約5 m/s^2 程度の制動(強めのブレーキ)をした場合に物体に接触しないで停止できる距離である．惰性走行開始時の速度が40 km/h で，下り坂のため徐々に加速していき，ドライバが加速の限界と感じ減速期待をもつ速度に達する過程と道幅，進入物体の有無との関係を検証する．

5.7 手動操作位置の観測

3名の被験者別の手動エンジンブレーキ操作位置を図5.7に示す．手動エンジンブレーキ操作位置を表5.4の(1)～(4)の実験条件を変えてそれぞれ5回試行した結果をプロットした．

5.8 自動制御に対する官能評価

遠隔操作で外部からエンジンブレーキを制御することができる実験車に被験者が乗り，先に手動操作実験をしたコースにおいて，表5.4の(1)～(4)と同様な条件設定で走行する．このとき，自動的にエンジンブレーキ操作位置をランダムに変更し，そのブレーキ動作位置に対して各被験者が官能評価を行った．官能評価は5段階とした．自動制御介入位置として，各被験者の期待位置と同

5.8 自動制御に対する官能評価　93

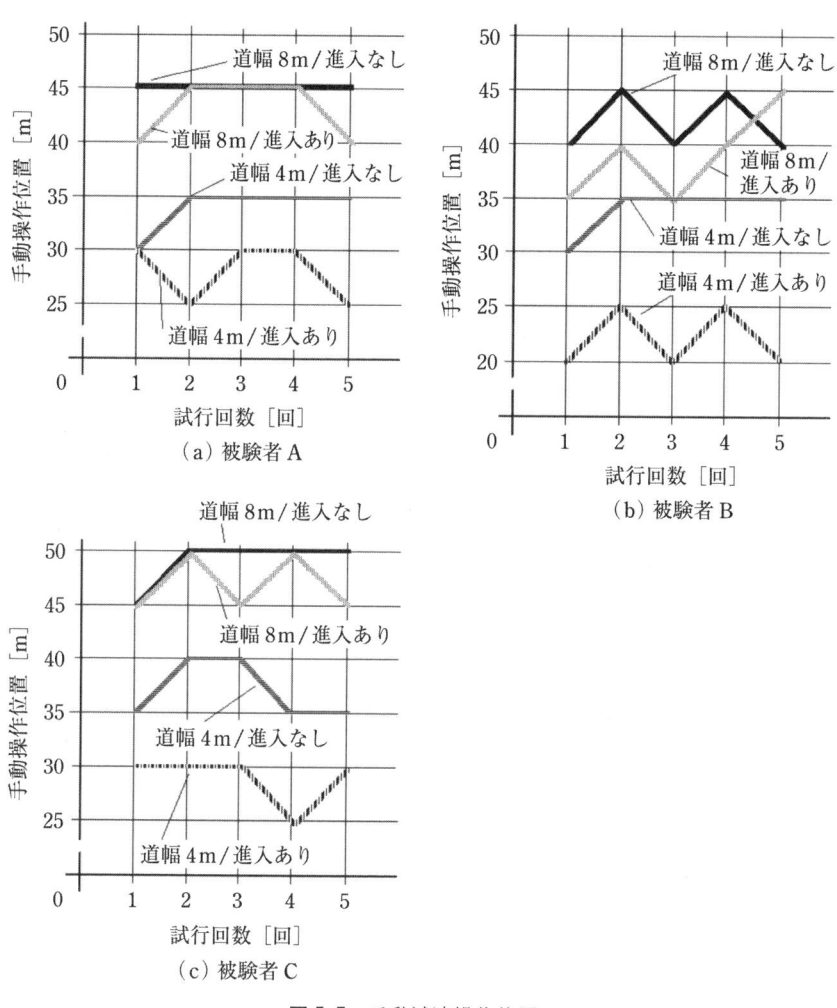

(a) 被験者 A

(b) 被験者 B

(c) 被験者 C

図 5.7　手動減速操作位置

じ場合,「ちょうどよい(特に違和感がない): 3」とし,「早い: 2」, 早すぎる: 1」,「遅い: 4」,「遅すぎる: 5」とした. 実験走行は, 条件ごとに 6 回行った. 実験条件を 表 5.6 に示す. また, 実験結果を 図 5.8 に示す. 道幅が 4 m での実験では, 自動エンジンブレーキの操作を待ちきれず, 被験者が手動で操作したケースもある. この場合, 図 5.8 のグラフにはプロットしなかった.

表 5.6　さらに追加した実験条件

(5)	評価路(道幅 8 m, 1 車線)で, 周囲から物体進入がないことを知って惰性走行を行うときの自動エンジンブレーキ制御位置
(6)	評価路で周囲任意の位置から物体進入の可能性を示唆したときの自動エンジンブレーキ制御位置
(7)	(5), (6) よりも道幅の狭い評価路(道幅 4 m, 1 車線)で, 物体進入がないことを知って慣性走行を行うときの自動エンジンブレーキ制御位置〔道幅以外の状況は, (5) に同じ〕
(8)	(5), (6) よりも道幅が狭い評価路で, 周囲任意の位置から物体進入の可能性を示唆したときの自動エンジンブレーキ制御位置

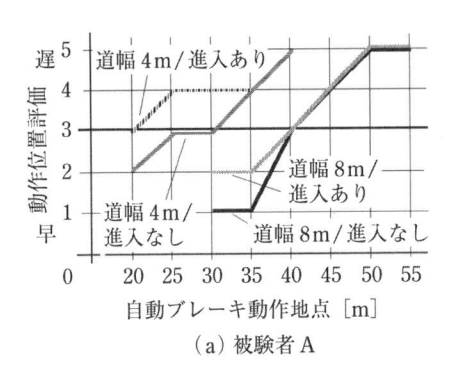

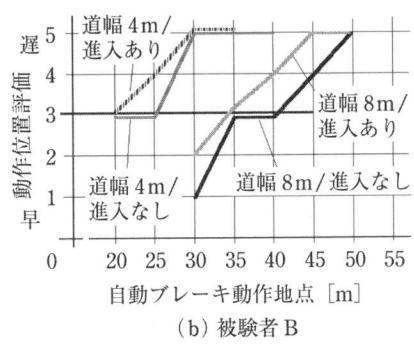

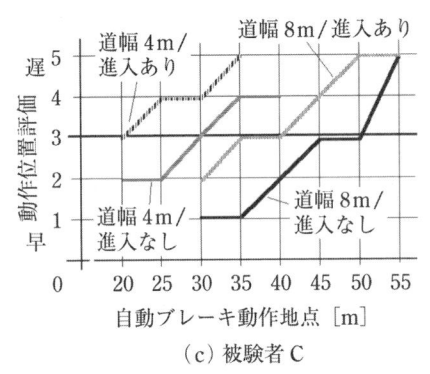

(a) 被験者 A

(b) 被験者 B

(c) 被験者 C

図 5.8　自動動作位置評価の実験結果

次に，各被験者が自分で操作していた位置と自動で制御される位置に対する評価との関係を図 5.9 にまとめる．被験者の手動操作位置の平均値を縦軸の値とし，被験者が自動エンジンブレーキ制御に対して「ちょうどよい：3」の官能

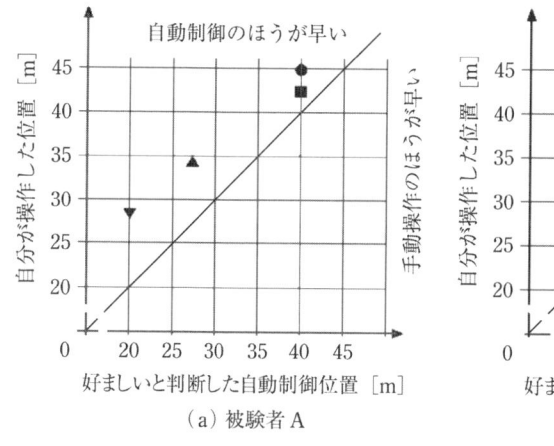

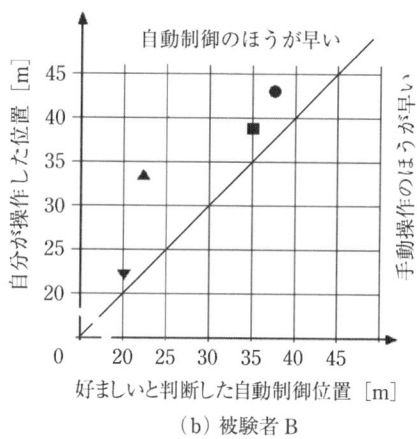

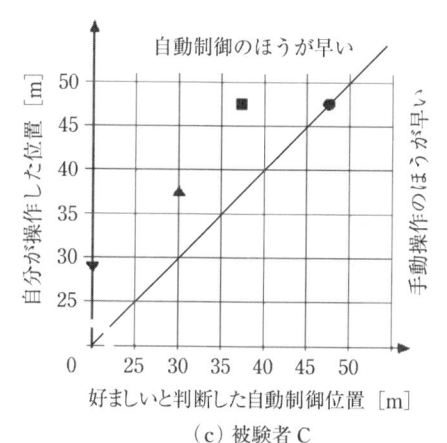

図 5.9 手動位置と好ましい自動制御位置との関係

評価をした距離の平均値を横軸の値として四つの条件ごとにプロットした．

5.9 実験結果と考察

ドライバが自ら手動で減速操作をした実験と，ドライバが手動操作することなく自動で操作された実験の減速タイミングの違いに着目する．

5.9.1 手動操作位置

図 5.9 より，以下の結果が見てとれる．

(1) 進入物体出現の可能性がない場合，道幅 8 m の道路より道幅 4 m の道路のほうが，およそ 10 m 手前でエンジンブレーキ操作を開始する(時間にすると 45 km/h で，1.4 s 程度早く操作することに相当)．
(2) 道幅 8 m の場合，進入物体出現の可能性がある場合，ない場合より，0〜5 m 程度操作位置が手前になる．
(3) 道幅 4 m の場合，進入物体出現の可能性のある場合，ない場合より，5〜15 m 程度操作位置が手前になる(時間にすると 45 km/h で，0.7〜2.1 s 程度早く操作することに相当)．

すべての被験者のケースで，道幅 8 m における進入物体の可能性有/無で有意な差は認められなかった．一方，道幅 4 m における進入物体の可能性有/無では，危険率 1 % で有意な差が認められた．また道幅が広い場合，側方からの物体進入という危険要因は，エンジンブレーキの手動操作位置の決定に影響していない．しかし，道幅が狭くなると，側方からの物体進入という危険要因に対して，各被験者とも有意に手動操作位置が変化して，全体的に手前でエンジンブレーキを手動操作する．これは，速度上昇を抑え，危険に備えようとする気持ちが広い道幅の場合よりも強く現れるためと考えられ，経験的に納得できる．

被験者間の比較において，被験者 A，B の道幅 4 m，進入なしの条件以外は危険率 5 % で各被験者間のエンジンブレーキ手動操作位置は，有意な差が認められる．したがって，運転経験などのドライバ個々の特性によってブレーキ操作位置が規定されていると考えられる．さらに，被験者が 3 名と少ないことから，断定はできないが，運転経験の少ない被験者 B の進入物体可能性のある場合のエンジンブレーキ手動操作位置が，ない場合に比べ，かなりスタート地点に対して手前になり，かつ操作位置のばらつきが大きい．このことから，運転経験が少ないことにより，環境に対する自己の運転特性変化が大きくなる傾向があるように思える．ドライバの運転特性の外的環境変化に対するロバスト性と運転経験との関係については，今後詳細検討する必要がある．

5.9.2 自動制御位置と官能評価

(1) 進入物体出現の可能性のない道幅 8 m の道路では，エンジンブレーキ開始の手動操作位置に対して，自動制御介入位置を 5 m 程度手前で動作するこ

とを被験者 A, B は望んでいる (時間にすると 45 km/h で, 0.7 s 程度早く動作することに相当).

(2) 進入物体出現の可能性のない道幅 4 m の道路では, エンジンブレーキ開始の手動操作位置に対して, 自動制御介入位置を 5〜10 m 程度手前で動作することを被験者 A, B, C は望んでいる (時間にすると 45 km/h で, 0.7〜1.4 s 程度早く動作することに相当).

すべての被験者の官能評価において, 各条件間に 5 % の危険率で有意差が認められる. 全体的に,「道幅 8 m / 進入なし」→「道幅 8 m / 進入あり」→「道幅 4 m / 進入なし」→「道幅 4 m / 進入あり」の順で, 早い自動エンジンブレーキ制御を期待している. また図 5.9 から, すべての場合で手動操作位置よりも自動制御位置のほうがスタート地点に近く, 時間的には手動操作よりも早めの自動操作を望む傾向がある.

5.9.3 自動制御時期を早める要因

ドライバが手動操作によって減速操作を行うプロセスに注目する. ドライバが知覚する周囲走行環境や体感する加速度, 振動などを総合的に判断し, 減速車両挙動期待が生成され, 手動減速操作の意図が生成されたと考えられる [5.11]. このとき, 仮想的に複数の減速操作を誘発する要因が融合され,「加速不安」,「危険度」などの心理的な指標が, ある閾値を越えたとき, 減速操作が行動として発生すると仮定する.

ドライバが自分で操作をしている場合と操作を機械に託している場合では, この閾値レベルが異なると考えられる. 自分自身で操作している場合, いつでもリアルタイムに車両挙動を操作制御し, 車両挙動に自分の操作が反映される時間的感覚や操作量の関係を体感している. したがって, 車両挙動操作に関する余裕時間, もしくは上記の閾値に対する余裕レベルは, 小さくても自分の修正操作によって対応できると考えられる. さらに, 手動操作をしている場合, いつ操作をするかが自己の意図に支配され,「自分が操作をしたければ, 操作ができる」環境にある. すなわち, 制御ループの中に組み込まれた手動操作は, 過去からの連続的な操作経緯から自己の操作内容を系全体の文脈として理解できるので, すばやく対応できる.

一方, 機械に制御をされている自動制御系の場合, ドライバの意図を伝達す

る手段がなく，車両挙動変化に対して受動的に状況を観察する必要がある．このとき，自動制御の将来挙動が制御ループの外にいるドライバに見えないため，系全体の文脈を理解することが難しいと考えられる．そこで，自分が系全体の状況を把握することができず，かつ操作に関与できないことに対するリスクを補償するために，自分の手動操作時期よりも早めに自動制御を希望すると考えられる．

以上の検討から，系の挙動を時間的な文脈としてドライバに理解させることが重要な要素と考え，エンジンブレーキが自動制御される時期をドライバに伝える手段を追加した．これにより，自動制御時期が手動操作時期に近づくと考えた．

5.9.4 情報提示効果の検討

図5.10に示すように，自動制御時期がドライバにわかる表示系を追加し，同一の実験を被験者Aについて行った．図5.11に示すように，表示なしの場合よりも，介入操作が遅くなっても不満が少なくなった．ただし，物体進入などの突発的な不安要因に対しては，あまり変化が認められなかった．これにより，表示によって動作時期が予期できても，突発的に出現する障害物に対しては，何ら有効な情報となり得ていないため，大きな変化が現れないと考えられる．

また，道幅の狭さのような定常的な不安要因に対しては，表示による官能評価変化が大きかった．ドライバに自動機械の操作時期を予告し，ドライバに了解させながら自動制御を行うことが，自動機械の操作時期にドライバが不満をもたないための一つの方法であると考えられる．

図5.10　自動動作時期を提示する例

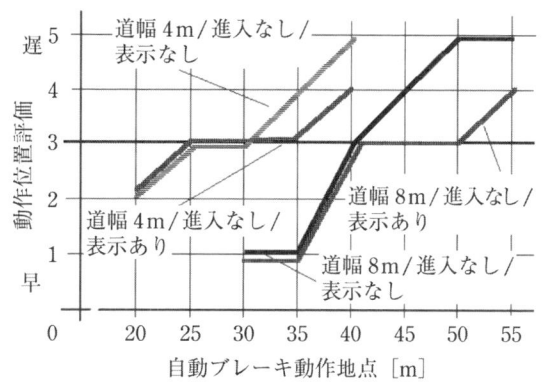

(a) 被験者A（進入物出現可能性がない場合）

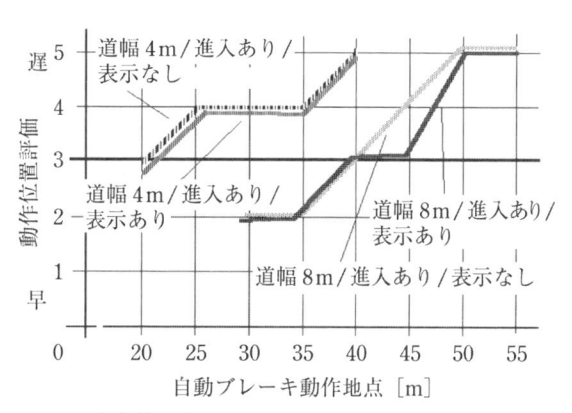

(b) 被験者A（進入物出現可能性がある場合）

図 5.11　動作時期導入による効果

5.9.5　ITSにおける部分的自動操作介入時期

　ACC, LKS などとは異なるエンジンブレーキ制御という極めて限定された運転領域における操作介入時期について検討した．ACC における追従時の車間距離の検討やLKSにおけるトラッキングするべきレーン走行位置など，本検討に類似した問題は多数あり，この知見がすべてのシステムに同様に当てはまるか保証できない．しかし，一般的に，自動操作介入時期はドライバ自身の手動操作タイミングに合わせることが好ましいと考えやすいが，ドライバが制御にかかわらず，車両挙動を観察している場合，手動操作位置よりも早く自動制御介

入されることが望まれることがわかる．

　自分が常時制御ループに組み込まれていない場合，車両挙動に対して余裕を多くとる傾向があると考えられる．手動操作に介入する自動制御の特性は，ドライバと同じタイミングで制御をする車をつくるのではなく，部分的自動操作固有の操作時期が存在し，この量を考慮して部分的自動運転の制御特性を決定する必要がある．さらに，ドライバに対して自動システムの制御状況を表示することが，上記のタイミング決定に大きな影響を与えることを見出した．本検討では，時間的な制御タイミングを空間的な位置に対応させて検討したが，自動システムの状況を提示する場合，時間的な提示が好ましいのか，空間的な提示が好ましいのか，適用場面によって異なると考えられる．

5.10　自動で制御されることと手動で制御することの違いのまとめ

　手動操作系におけるドライバの操作時期と部分的自動操作系における自動操作時期が異なり，かつ後者のほうが早めに操作制御する必要があることを下り坂惰性走行時の自動エンジンブレーキ制御で検討した．また，運転不安要因によって，求める自動制御時期が異なることを明らかにし，制御の状況をドライバに予告することによって上記の時期の差異が変化することを見出した．

　実際の車載適用を考えると，運転状況の観測方法，実現コストなど課題はある．しかし，ドライバに信頼される自動操作支援介入に関して一つの検討視点と考えられる．

6章 未来の運転支援

6章では，未来の運転支援について紹介する．前半では，安全運転をするエキスパートドライバが運転中に注意している対象をニューラルネットワークで学習し，知能機械にエキスパートドライバと同じアドバイスをさせる運転支援について紹介する．また，後半では，閾下(いきか)刺激という潜在意識に作用すると思われる情報伝達手段について紹介する．

6.1 危険な場所を機械が教えてくれる技術

ドライバが運転中に注意すべき対象に対して，注意を怠った状態をドライバに報知する運転支援装置に着目する．こうした運転支援装置としては，ドライバのよそ見などで自車が前車に接近・追突する危険を報知する車間距離警報装置[6.1]や，夜間走行中に前方歩行者の存在を警報する夜間歩行者警報装置[6.2]などがある．

こうしたドライバが手動で運転することを前提としながら，ドライバの操作に対して注意すべき対象を報知する未来型の注意誘導型運転支援について考える．

6.1.1 走行路内運転危険要因（ハザード）の推定

自車車線前方を走行する先行車や夜間歩行者など，自動車運転中にその存在と動きを留意しなければ自車にとって危険な状態に至る可能性のある対象物をハザードと呼ぶ．ハザードは，接近車両や歩行者の存在として客観的な観測事実に基づく対象物，もしくは対象となる状況である．日常的な運転場面において，自車線に合流しようとする側方車両や道路わきに立っている飛び出しそうな歩行者などのハザードが存在し，多様な場面でハザード予測が求められる．

ハザードについての研究としては，國分ら[6.3]が，運転中のハザードについて詳細な検討を行い，ドライバが運転中に注意を払う対象について定性的に検

証した．この検討では，ドライバが主観的に自己申告したハザードを記録，分析している．また，赤松ら[6.4]も多数の運転操作データベースから運転タスクという視点で，運転場面ごとにハザードに類似した要因を分析している．

一方，小泉ら[6.5]は，画像情報に基づく運転状況の認識支援システムを提案している．前方割込み車両に対する危険度を，道路交通流の文脈を考慮したファジィルール推論を用いて算出する．割込みというイベントに対してドライバの注意が喚起され，その注意がイベントの進行とともに変化していくドライバの注意変化を経時的にファジィ推論により予測している．知能機械による運転支援の一形態を示唆しているが，対応できる場面が限定されており，すばやく危険状態を推定する手法ではない．

6.1.2 ドライバのハザード認識状態の推定

知能機械がハザードを推定したとしても，それをドライバがすでに認識・自覚しているならば，ハザードに対する注意を誘導する必要はない．ドライバのハザード認識を陽に扱うのではなく，ドライバ視線のモニタリングなどに関する研究は散見される．ドライバの視線をカメラなどで外部からトラッキングすることにより，ドライバの状況認識を推定する手法[2.15],[2.16],[6.6]や，ドライバの挙動，操作パターンなどの運転操作文脈よりドライバが状況をどのように認識しているかを推定する手法[1.8],[5.4],[6.7]も提案されている．しかし，ドライバの視線は注意対象に向かっていても，その対象に対して本当に注意を自覚しているかを外部から判定することは容易でない．

まず，上記二つの課題の中で，走行路内運転危険要因(ハザード)の推定に着目する．単眼カメラにより，自動車運転時の前方視野内映像を撮像，画像処理し，ドライバが注意するべきハザードを推定するための手法について検討する．

6.2 ハザード推定手法の概要

ハザードの定義を明確に示し，具体的な検出方法について説明する．

6.2.1 運転中に遭遇するハザード

運転環境において多様なハザードが想定できる．自車と他の対象物間の空間的配置によってのみ規定されるハザードや対象物の動きを予測して，ハザードと知覚されるものもある．また，横断歩道前に駐車した車の後方から歩行者が

飛び出してきそうな状況もハザードの一つと考えられる．この場合，歩行者が車の背後から飛び出してくる客観的兆候が観測されなくても，ドライバの経験により，その状況をハザードと認識する場合もある．ここでは，表 6.1 のハザードを扱うものとする．また，ハザードが知覚されてドライバの運転操作として反映される時間に関しても多様性がある．衝突直前でハザードが認識されても，ドライバは何もすることができない場合がある．一方，ハザード認識時に，危険な状態までに至る時間が十分あり，多様な危険回避策をドライバが選択できる場合もある．

表 6.1　ハザードの例

障害物	先行車両 隣のレーンを走行する車両 付近を走行するバイク 駐車している車・トラック・バス
注意が必要な対象	道路を横断しようとする歩行者 合流してくる車 ウインカー動作している車 ストップランプ点灯した車
注意が必要な走行環境	渋滞走行 交差点 登り坂 横断歩道 道の曲がり角

本章では，ドライバがハザードの存在を報知され，それによってドライバの操作が誘起され，危険な状態からの回避が行える範囲の時間を前提とする．具体的には，危険な状態に至る 3～5 秒程度前にハザードの推定がなされ，ドライバに提示されることを前提とする．ヒューマンマシンインターフェースの形態や，その情報がドライバにとって有効であるかなどのドライバの認識に関する問題は扱わない．

6.2.2　画面分割領域の重要度設定

ハザード推定のための方法を図 6.1 に示す．運転中のハザードを推定する際，走行状況によってハザードの意味が異なると考えられる．3 車線道路で一番左側を走行しているときに，右側 2 車線レーン外側からの歩行者

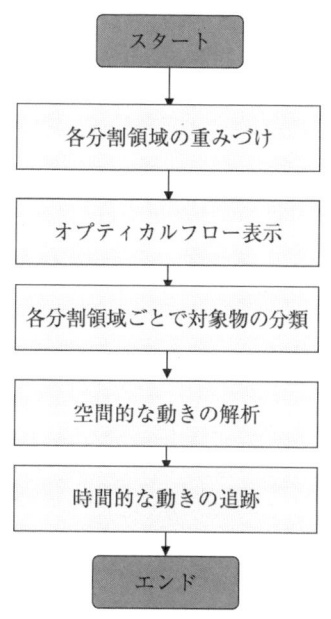

図 6.1　ハザードを推定するアルゴリズム

の飛び出しよりも自車走行レーン左側直近からの歩行者の飛び出しのほうが，ハザードに対応するための時間的な余裕が少なく，その意味で，右のハザードよりも左のハザードのほうが重要であると考えられる．自車が一番右側のレーンを走行していれば，状況は逆になる．

そこで，前方画像をいくつかの領域に分割し，各分割域の重要度を算定する．算定手法としては，自動車の走行状態やドライバの操作から重要度の高いハザードの存在場所に関するルールベースを構築し，ルールに基づき逐次，分割領域ごとの重要度を算定する．

6.2.3 オプティカルフローによる前方物体動き検出

先述したように，運転操作時に利用される90％以上の情報が視覚情報である[1.9]ことから，ハザード推定のためのセンサデバイスとして可視カメラを適用した．運転中のドライバ視野内情報をカメラによって撮影する．基本的な画像処理として，オプティカルフローに着目した．オプティカルフローは，対象物体の色，テクスチャ，輪郭などを特徴量とした他の画像処理手法に比べて，検出対象の属性に影響されにくく，対象物に対して，ロバストで汎用な特徴量を得やすい．また，本質的に人間が注意を誘導されるきっかけは，何らかの視覚的状況の変化[3.7]であることが多く，変化を捉えるために物体の移動ベクトルに着目したオプティカルフローは，ハザード推定のための有効な特徴量を包含していると考えられる．

6.2.4 領域ごとの移動物体分類

前方視野内物体の移動に伴う複数のオプティカルフローを分割領域ごとに移動物体別にクラスタリングを行い，ハザード候補を特定する．分割領域に限定してオプティカルフローのクラスタリングを行うことにより，クラスタリングの計算処理負荷を軽減することができる．ハザード候補を表象する特徴量は，同一クラスタに対応づけられたオプティカルフローを有する物体の重心座標と，平均オプティカルフローの2次元ベクトルで代表させる．

6.2.5 空間的なハザード推定

6.2.4項で得られたハザード候補の特徴量と，6.2.2項で得られた分割領域別ハザードの重要度をニューラルネットワークに入力し，画面全体としてのハザードを推定する．すでに市場に投入されている車間距離警報装置などは，多様

な走行状態に対してマイクロ波レーダなどによって車間距離を測定し，その観測値によって警報を出す．ドライバが異なっても同じ警報を提示することになる．

先述したドライバがハザードを認識しているかどうかの問題と異なり，「ドライバごとにハザードに対する判断が異なる」であろう．ハザード判断の個人差を考慮するため，ニューラルネットワークによるハザード推定のフレームワークを適用した．ニューラルネットワークの教示データに個人が考える危険度の認識の相違を取り入れ，熟練ドライバや初心者ドライバなどの個人特性の差に応じたハザード重要度を反映させられるようにした．具体的には，特定の個人がハザードに対する重要度判断を個別に入力して学習した．また，6.2.2項で分割された領域ごとにニューラルネットワークを対応させることにより，領域ごとに起こりやすい状況，たとえば左右の領域では"飛び出し"，路面領域では"落下物"に対応できる．学習も複雑にならず，効果的に行えると考えた．

6.2.6 時間的なハザード推定

6.2.5項の出力結果をそのままハザードとして出力することも可能である．しかし，ビジョンベースのセンシングを行っている場合，部分的な光学的反射や背景色とのコントラスト差が小さい場合などに，時間的に安定した検出ができない場合[6.8]がある．したがって，全体フレームごとにハザードを逐次推定すると，時間的に検出結果が不安定になり，誤検出を繰り返すような場合がある．

そこで，得られたハザードを経時的に推定し，所定の時間内に推定値が安定した場合に最終的な判定を行った．

6.3 ハザード推定の具体的手法

6.3.1 分割領域とハザード重要度算定のためのルール

運転中のドライバの注意視線移動は，進行方向の全視野領域に均等に分布しているわけではない．そこで，一般的なドライバの運転走行時の視線分布[6.9]を時間的に追跡し，その分布頻度がおおむね同じになるように画面全体を **図 6.2** に示すような5分割の画像領域に分割した．それぞれの分割領域に対して，車線数，走行車線とステアリング方向がGPSなどから得られると想定し，これらの情報をもとに領域の重みづけを行う．

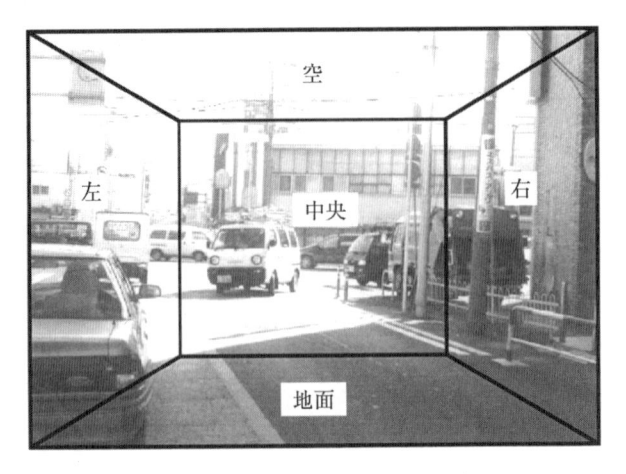

図 6.2 前方視界の分割領域設定

6.3.2 前方物体の動き検出

画角 30°，CCD 単眼カメラを車載し，VGA 相当の画像を得る．オプティカルフロー抽出アルゴリズムは，画像中の特徴点の個数を固定し，2 フレーム間で勾配法[(6.10)]を用いる．各領域におけるオプティカルフローの全体としての傾向を把握するため，オプティカルフローの発生する位置座標およびベクトル成分から計算できるオプティカルフローの向きに注目する．それらの値から段階的に各特徴点間の距離を計算し，あらかじめ設定した閾値と比較することでクラスタを形成する．この方法は，クラスタ数にも制限がなく，すべてのデータを振り分け終わった時点でクラスタリング終了とする．

6.3.3 各領域の空間的なハザード危険度推定

各領域に割り当てられたニューラルネットワークは，クラスタの重心座標，2 次元ベクトルの成分，領域の"重み"を入力とし，クラスタの危険度を出力とする．各領域に割り当てられたニューラルネットワークの構造に差異はなく，中間層のニューロン数 27 個の多層パーセプトロン(MLP)用いる．これら MLP は，Levenberg – Marquardt back – propagation[(6.11)]を用いて学習させる．入力はクラスタリングされたときに算出した特徴量であり，正規化された危険度をクラスタごとに抽出する．

図 6.3 に，ニューラルネットワーク構造を示す．図中の入力 P_x, P_y はクラス

タリングされたオプティカルフローのフロー起点座標を，D_x, D_y は終点座標を表す．Weight は，分割領域の重みを意味する．ネットワークの出力は，着目した分割領域のハザードの強度を表す．動画像をフレームごとに分けた画像に対し，被

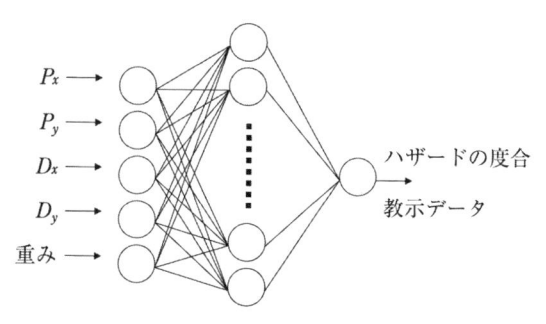

図6.3 ニューラルネットワークの入出力

験者が，危険度を各クラスタに設定し，学習させている．データ数は約100個である．入出力関数と中間層のニューロン数，また試行回数を複数回変化させ，実験的に妥当なニューラルネットを採用した．

6.3.4 時間的なハザード危険度推定

1フレーム内分割領域ごとにハザードの危険度を設定した．パッシブなカメラによるリモートセンシングの場合，対象表面の光学的変化や外乱光などの影響でオプティカルフローが正確に出ない場合がある．そこで，1枚のフレームごとの評価のみでは，ノイズなどによる連続性のないクラスタの評価と，真に重要な危険領域との区別ができなくなってしまう．

そこで，所定のフレーム前までの動きの一貫性を考慮し，連続性の強いクラスタの危険度を強める過程を導入する．これにより，突然物体が近傍に現れるなどのような不自然な検出を回避するように工夫した．

6.4 車両システムへの適用と評価

図6.4に，実際の走行場面画像に対してハザード推定を行った例を示す．運転走行時の前方シーンを録画し，再生画像に対してハザード推定を行った．運転場面としては，右前方より，直角に車両が割り込んでくるシーンを検討した．画面上の円はハザードを表し，円の半径はハザードの重要度を示している．円の中心から伸びる線分は，ハザードの動く方向と速度を表している．右方向から自車線に直角に進入してくる車にマーク(円)がつき，ハザードであることを認識している．

(a) 38 フレーム

(b) 73 フレーム

(c) 130 フレーム

図 6.4　ハザード推定の例(1)

　一方，73 フレームにおいては，自車線前方走行車(黒い軽自動車バン)の前を走る車(白い軽自動車バン)の速度低下を検出し，ハザードのマークを表示している．これは，無事故で運転経験が豊富なプロドライバが，前車の速度のみならず，その前の車の速度をも考慮して減速運転する場面に対応している．130フレームでは，上記 2 車両の相対速度が同じになったため，ハザードの表示が解消している．さらに，左車線走行トラック後方車両右側面のハザード表示は，右からの車線変更に留意した分割領域の重みづけによって比較的高感度にハザードが表示され，車両の減速による自車線への合流の注意を促している．

　別シーンについて検討する．図 6.5 は，左前方より左車線走行車両が自車前方に割り込み，また対向右折車両が自車の前を横切るシーンである．40 フレームにおいて，左前方視界のトラックなどにハザードが表示されず，対向車線対向車にハザードが提示されている．これは，分割領域で左側のハザード重要度の重みが大きいにもかかわらず．前方車両との相対的な位置変化が極めて小さいので，左前方のトラックをハザードと推定していない．

(a) 40 フレーム

(b) 158 フレーム

(c) 362 フレーム

図 6.5　ハザード推定の例 (2)

　一方，右前方において，分割領域の重要度が小さいにもかかわらず，前方対向車の左方向への大きな移動ベクトルを観測したことにより対向車の急な右折を考慮してハザードが提示されている．158 フレームでは，多数のハザードが推定されている．左前方のバイク，左から合流しようとしている黒い軽自動車バンおよび右から自車前に右折しようとしている対向車にハザードが表示されている．これらのハザードをドライバにどのように提示すかは，別の課題として，注意すべきハザードが十分提示されていると考えられる．

　推定されたハザードの妥当性について検討する．図 6.5 で検討した場面において，プロドライバに同じ動画を提示し，ハザードの指摘を依頼した．一般のドライバより安全に対する意識が高いと考えられるプロドライバがハザードとして認識する物体と本手法が推定した物体の差異を検討した．結果を図 6.6 に示す．横軸は時間を表している．縦軸は，上方が運転視界左方向，中央が運転視界正面，そして下方が運転視界右方向を示し，運転場面に登場した対象物が位置づけられている．本手法によって推定されるハザードを時間的に繋いだグ

110　6章　未来の運転支援

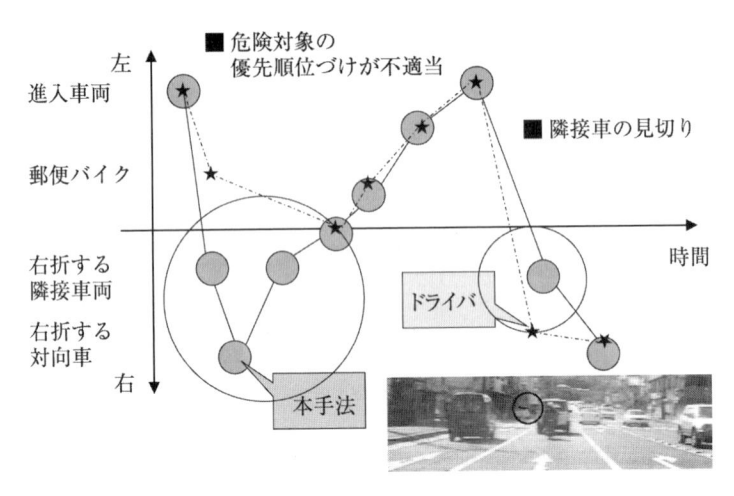

図6.6 ハザードに対するベテランドライバの視線の動きとモデル予測の時間的推移の比較

ラフ(●印)とプロドライバが安全に関わる視点から留意すべきと主張したハザード(★印)を同一面内に記述する．

図 6.6 において，A で示したところに本手法とドライバのハザード認識の差が顕著に現れている．具体的に，158 フレーム近傍でドライバは左前方バイクから中央へのハザード認識が推移しているが，本手法では左前方のバイクから右前方車両(158 フレーム上で右の白い車と対向する軽自動車)にハザードマークを提示している．右前方の車両とは，自車両走行車線から右折レーンに移動した隣接車線走行車(自分と動方向)と対向車線において自車に接近してくる車両を現している．この違いをドライバにインタビューしたところ，ドライバ自身も隣接車線や対向車線の車両の存在に留意しているが，2 車両とも直接危険の及ぶハザードではないと認識し，特に注意しなかったとのコメントを得た．

本手法において，こうした状況に適応するためには，さらなる学習や修正の枠組みが必要であると考えられる．また図 6.6 において，その後の左方向車両へのハザード推移は，おおむねドライバとの差異はなく，ハザードの認識が良好に行われたと考えられる．

6.5 ハザードを推定する技術のまとめ

　運転中，ハザードに対するドライバの注意を誘導する運転支援システムを提案した．前方視界を分割した画像に対し，個別学習させた単純な構造のニューラルネットを並列に利用することで各領域に特化した手法を提案した．また，個人の判断基準に基づく教師データを用いて，ドライバの注意する領域を反映させ，その結果，直線走行シーンにおいて注目すべき移動対象を含んだ危険領域を抽出でき，個人が危険だと認識している領域を提示することを可能にしている．

　これにより，ドライバの意識がほかにそれてしまっているような状況，たとえば，わき見運転時，ドライバの代わりに本来注意を払うべき領域に注目し続けインタフェースを介し，運転をサポートする可能性を示した．また，運転経験が未熟なドライバに対して運転支援として気をつけるべき対象を提示することができるフレームワークが提案された．提案の推論システムと，さまざまな状況におけるニューラルネット学習用データを半自動的に収集できる運転時の障害にならないユーザーインターフェースを用いてインタラクティブにドライバから危険認識データを採取できれば，直線走行シーンのみならず，さまざまな走行状況に応じた実用的な運転支援が実現できる可能性があると考えられる．

6.6 閾下刺激によるドライバへの情報伝達

　自動車運転時，自車前方に歩行者が突然現れ，ひやりとすることがある．ひやりとするきっかけがハザードである場合が多々ある．ひやりとする場面は，本質的にドライバが予測した状況以外の事象が発生し，その事象が安全走行に大きく影響するときに出現する．多くのひやり経験をしたドライバは，そうでないドライバに比べて，実際の事故を起こす可能性が高いことが指摘されている[6.12]．一方，ハザードを予測できるドライバが，事故を起こしにくい．ひやり運転の発生回数を軽減するためには，ドライバが起こりうる状況をあらかじめ予測し，事象の発生に準備ができていることが重要であると思われる．したがって，ひやり運転が発生する回数を軽減できる運転支援手段が実現できれば，実際の交通事故を減少させるために活用が期待できる技術の一つになりえると

考えられる.

一般的に，運転を職業としているプロドライバの多くは，こうしたひやり経験を学習し，再びひやりとする運転を回避するための状況予測運転が得意とされている[6.3]．危険な状況を予測できることから，突然の歩行者の飛び出しなどに関しても素早く気づき，制動操作でき，運転操作自体を安全に遂行できる場合が多い．一方，運転経験が少ないドライバなどは，発生するであろう危険な運転状況に対する予測が十分でないと考えられ，歩行者の飛び出しなどの発見が遅れることがある．こうした確率的に発生する危険状況に対して，その発生を予感させ，発生事象に対する注意感度を高める運転支援手法はあまり検討されていない．

従来からの一般的な交通事故数軽減に向けての取組みは，交通インフラを中心とした道路から車への情報提示や車自身が検出した交通安全に関わる情報の提示・警報や運転操作への制御介入などが考えられてきた．しかし，前述したひやり運転を軽減するようなドライバが起こりうる事故の可能性情報を提供する例はあまりない．前方で人が飛び出すかもしれないという可能性情報に基づく注意誘導に関する装置の実現が容易ではないのは，確実に危険を警報し，制御介入するシステムと異なり，確率的な事象発生のため，危険が出現しそうだとして警報などを発し，危険が出現しなかった場合に，運転者に煩わしさや不快感を与える場合が多い．そこで，運転者に煩わしさや不快感を与えにくい形で，発生するかもしれない不安全状況に注意を誘導する手段が求められる．

著者らは，意識に顕在的に表出しない情報であり，閾下意識に作用するであろう情報提供手法に着目し，無意識のうちに危険な状況に関する注意がドライバの意識下に誘導される手法についての検討がある[6.13]．ここでは，閾下意識に影響する可能性のある刺激を提示させ，上述したような新しい運転支援の枠組みの構築可能性について検討する．

6.7　視覚の閾下意識提示に関する検討

6.7.1　閾下意識概要

閾下意識，特に視覚情報に関する閾下意識に作用する情報については，川畑[6.14]やWatanabe[6.15]などが検討し，無意識のうちに行動を誘導する可能性が

6.7 視覚の閾下意識提示に関する検討　113

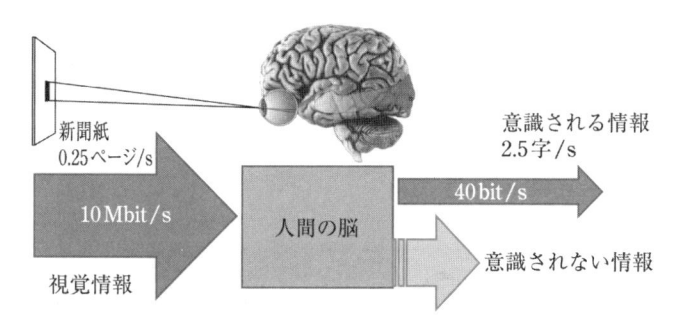

図6.7　人間の情報処理能力

あることから，倫理的な側面での問題点などが指摘されている[6.16]．また，閾下刺激効果の信頼性に対する議論もある[6.17]．

図6.7に示すように，Zimmermann[6.18]は，人間の知覚能力について情報量の観点から考察し，視覚的に得られる情報量と意識にのぼる情報の大きな格差から何らかの意識されない情報，すなわち閾下情報の情報量の大きさと何らかの身体への影響の可能性を示している．

そこで，閾下意識に作用する情報を安全運転支援の観点から，再度現象自体を見直し，その利用方法について検討する．上述したように，無意識下に影響を与えるという点で倫理的な検討は別途必要であるが，交通安全を実現するための一つのインタフェースとしての可能性について検討する．

6.7.2　運転支援の形態

図2.7で説明した運転支援するべきイベントと，それを知らせるまでの余裕時間との関係を考えると余裕時間が3～5秒程度のとき，適切な情報提示方法が少ないことである．すなわち，余裕時間が10秒程度以上ある場合，「前方渋滞あり・追突注意」などのように明確な聴覚的情報として運転者に提供することにより十分余裕をもってドライバに情報が伝達される．一方，余裕時間が1～2秒程度になると，明確な警報や制御介入などによる運転支援が現実的になる．

こうした運転支援の基本的な考え方の中で，車の陰から歩行者が出てくるかもしれないという3～5秒程度の出現可能性情報提示の適切な手段がない．図6.8に示すように，前方注意を喚起するマークなどをウインドシールド上に投

114   6章　未来の運転支援

図 6.8　視覚的な注意喚起の例

表 6.2　警報手段とその問題

従来の伝達手段	問題・課題
視覚的な警報伝達 (アラーム表示)	視線誘導，気が散る わずらわしい，表示に慣れてしまう
聴覚的な警報伝達 (警告音)	頻繁になるとうるさい わずらわしい，急に鳴るとびっくりする
振動的な警報伝達 (シートの振動)	すぐに状況が理解しにくい びっくりする，繰り返すと警報効果低くなる

影する方法も考えられるが，頻繁に表示されることによって運転者に煩わしさを与え，さらに前方視界を妨げることになる．また，**表 6.2**に示すように，頻繁な音声による警報やハプティックな情報提示も情報提示手法として同様に実用上の問題を有している．ハザードといった検出対象の発見の難しさや動きの予測の困難さを考えたときに，その出現可能性のみにより頻繁に明確な警報を意識上に提示することは現実的でないと考えられる．意識への情報提示とは異なる可能性を検討する価値はあると考える．視覚的な閾下意識への提示手法としては，2 ms 以下の瞬間的な視覚情報提示が一般的である．

ここでは，閾下意識情報として瞬間的な情報提示ではなく，背景に対するコントラスト比を低下した情報の提示を検討する．なぜなら，実際の運転場面に適用することを考慮すると運転者への視覚的外乱として照度変化が一番大きく，ダイナミックな照度変化の中で適用できることが重要であると考えた．したがって，一定の強度の視覚情報を瞬間的に提示するのではなく，背景に対してコントラスト比の低い情報を提示することを閾下情報とした．

6.8 視覚的閾下意識作用の検証

6.8.1 実験の方法と手順

図 6.9 に示すような 3 次元的に視覚情報が提示できる HMD (Head Mounted Display「eMagin Z800 3DVisor」) に CG アニメーションによる道路風景を作成し，道路を前進走行する景色上にコントラスト比の低い閾下情報を提示する．図 6.10 に，提示画面について説明する．被験者に提示される動画シーンは，等価的に時速 40 km で直進走行する道路風景が表示される (運転シーン A)．被験者は操作などせず，ただドライバの視線で走行道路を観察する．この動画画面が 10 秒から 3 秒程度続く．その後，運転シーン B に示すような矢印マーク (黒い矢印) が時間的に後に表示されるであろうマークを予兆させる Prediction mark として 1 フレーム提示される (以下，P マークと記す)．

表示のパターンとしては 3 種類あり，まったく P マークが表示されない場合，はっきりと黒色で左右方向どちらかに向いた矢印が表示される場合 (図 6.10 の運転シーン B)，そしてコントラストの低い同様な矢印が左右方向どちらかに表示される場合である．コントラストの低い矢印の場合，静止画としてよく観察すれば認識できるが，動画として流れている中では見落としてしまうマークである．この P マークが提示後，運転シーン A′ のように道路景色が続き，予備実験で示したように P マークから 3 秒後に背景に対して明確なコントラスト比をもった Final mark (感嘆符) が表示される (シーン C，以下 F マークと呼ぶ)．

この F マークが表示されたら，被験者は素早くボタンを押し，タイマーをストップさ

Head Mounted Display ;
「eMagin Z800 3DVisor」

スクリーン表示例

図 6.9 実験装置と走行シーンの例

116　6章　未来の運転支援

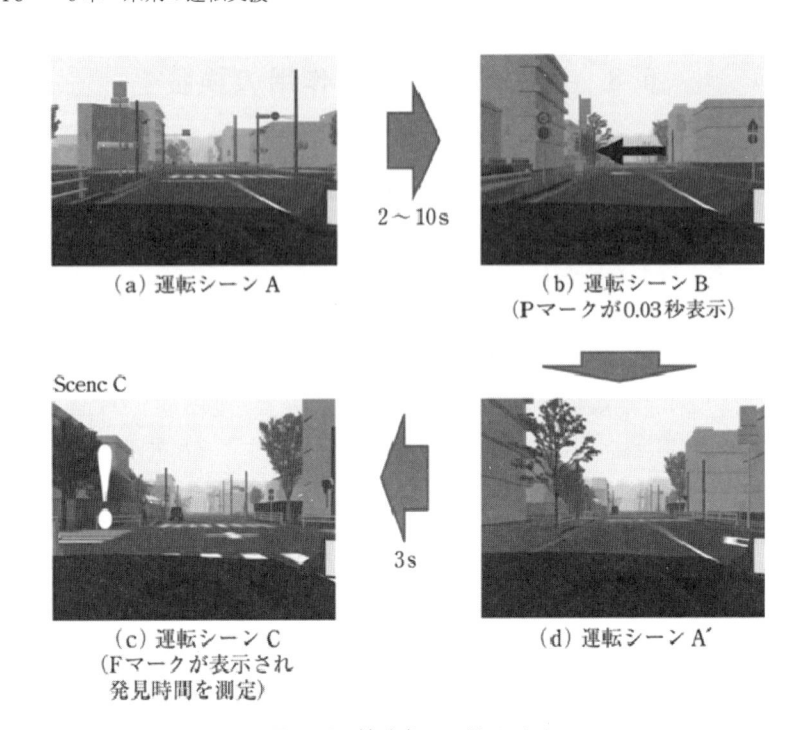

(a) 運転シーン A

(b) 運転シーン B
(Pマークが0.03秒表示)

(c) 運転シーン C
(Fマークが表示され
発見時間を測定)

(d) 運転シーン A′

図 6.10　被験者への提示画面

せる．タイマーは，Fマーク出現直後からカウントアップされ，被験者がボタンを押してストップするまでの時間がFマークの認知・反応時間となる．なお，被験者は，視覚的にはっきり表示されるPマークが出る場合のケースを経験しており，意識上に知覚された矢印マークの方向にFマークが出現することを了解している．

Pマークが認識できれば，Pマークの矢印の方向に視線を移動することによりFマークの発見が早くなると考えられる．また，7:1から5:1のランダムな割合でPマークの矢印と異なる方向にFマークが出現する．この直後，矢印の方向以外も見ようとする被験者も認められるが，4～5回程度連続してPマークの矢印方向にFマークが出ることによって自然に矢印の方向のみをまた観測するようになることが4名の被験者の自己申告から示された．したがって，Fマークが逆方向に出た直後から3～5回分のデータは観測しないこととした．

静止画実験と同様で，仮にPマークが被験者に知覚されると，その時点で被

験者は反射的にボタンを押してしまうため，Pマークが被験者にとって見えているか，いないかは比較的正確に客観的把握ができる．はっきりしたPマークを提示するときは，Pマークが出ることをあらかじめ被験者に伝えておき，誤ったタイミングで被験者が反応しないように対応した．Pマークがない場合，明確に認識できるPマークを表示した場合，および閾下に知覚されるであろうコントラス比を下げたPマークを提示する三つのパターンをランダムに提示する．ここで，PマークやFマークが表示されるときの周囲景色との関係に注意しなければならない．

Pマークは，前方左右にビルがあり，前方走行路内には障害物が存在しない場面で画面中央に表示される．一方，Fマークは，前方に駐車車両が存在する景色が見えてきて約1秒後(平均1秒，標準偏差0.3秒)に左右視野角15°の場所に表示される．提示される画像のシーケンスは，短区間のCG画面がシームレスに繰り返し表示されるので，類似場面でのマーク提示であっても，あまり同じ場面で提示されていると気づきにくい．また，道路景色と表示マークの対応関係を同じにすることによって被験者が関係を学習してしまい，景色からFマークの出現を予測することを恐れたが，被験者へのインタビューでは，まったくマークの出現場所と道路景色の関係に気がついておらず，この景色からのFマーク出現の推定はないものと考えられる．

6.8.2 実験結果

実験に参加した5名の被験者特性を表6.3に示す．図6.11(a)〜(e)に，Pマークのコントラスト比を変化させた場合の左右に出現するFマークに対する反応時間測定結果を示す．

図6.11(a)では，Pマークが表示されず，Fマークが突然表示される．Pマークの表示がないため，Fマークが中心視野角15°の右端か左端に突然表示される．被験者A〜Cは，左方向のFマークに比べ右方向のFマークを早く発見しているが，被験者D, Eは逆の傾向を示している．各被験者は5回ずつデータをとっており，その結果は，被験者A, D, Eの左右視間で反応速度の有意差は認められるが，被験者全体の傾向は見つけられ

表6.3 被験者の属性

	性別	年齢
被験者A	男性	23
被験者B	男性	24
被験者C	男性	22
被験者D	男性	23
被験者E	男性	23

ない．

　図6.11(b), (c)では，Pマークを視覚的に明確に表示する．いわゆるPマーク

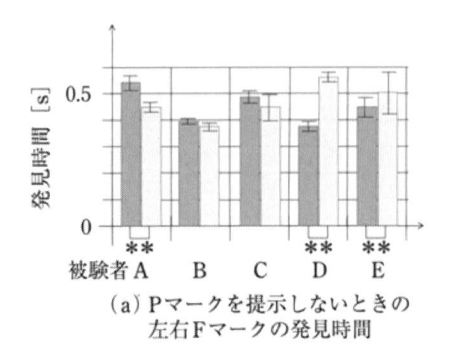

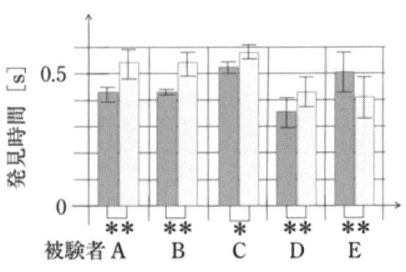

(a) Pマークを提示しないときの左右Fマークの発見時間

(b) 視覚的にはっきりした左向きPマークを提示したときのF左右マークの発見時

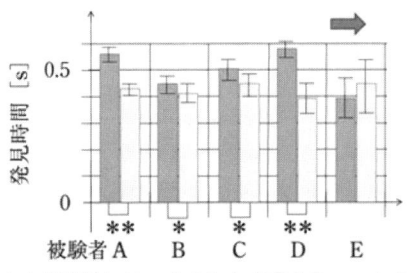

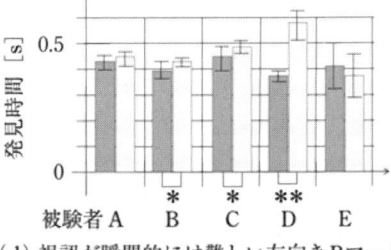

(c) 視覚的にはっきりした右向きPマークを提示したときのF左右マークの発見時間

(d) 視認が瞬間的には難しい左向きPマークを提示した時のF左右マークの発見時間

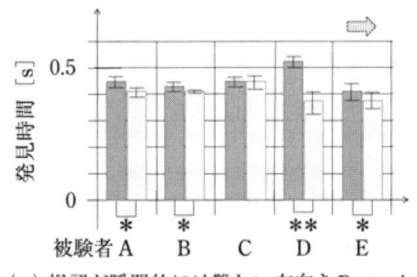

(e) 視認が瞬間的には難しい右向きPマークを提示したときのF左右マークの発見時間

平均値 +SD / −SD　左向きFマーク ■　右向きFマーク □

有意水準における有意差 *$p<0.05$
**$p<0.01$

図 6.11　Fマークに対する反応時間測定結果〔(a) Pマークを提示しないときの左右Fマークの発見時間，(b) 視覚的にはっきりした左向きPマークを提示したときのF左右マークの発見時間，(c) 視覚的にはっきりした右向きPマークを提示したときのF左右マークの発見時間，(d) 視認が瞬間的には難しい左向きPマークを提示したときのF左右マークの発見時間，(e) 視認が瞬間的には難しい右向きPマークを提示したときのF左右マークの発見時間〕

の矢印方向がFマークの出現場所に対応しており，プライミング効果の検証となる．図 6.11 (b) が左方向の矢印が提示され，図 6.11 (c) が右方向の矢印の提示となる．先述したように，観測は各被験者に対してPマーク方向にFマークが出現するケースの左右合計 50 回，Pマーク方向と異なる方向にFマークが出現したデータ左右合計で 10 回を用いて統計処理を行っている．被験者にとってFマークの出現方向はランダムである．被験者はPマークの矢印方向にFマークが出現することを知らされているので，Pマークの矢印の方向が明確にわかれば，Fマークの発見はすばやくなると考えられる．逆に，Pマークの矢印の方向と異なる方向にFマークが表示されると，発見が多少遅くなる．

図 6.11 (b) では，左方向の矢印をもつPマークをはっきり提示して，Fマークを 3 秒後に左右方向どちらかに提示する．被験者 A, B, C, D に有意な左側のFマーク発見速度向上が見られた．Pマークがない場面では，右のFマーク発見が早かった被験者 A においては，はっきりしたPマークによって注意が左に誘導されていると考えられる．また，図 6.11 (a) で有意な左右差が認められなかった被験者 B, C は，図 6.11 (b) で有意に左が早くなっている．図 6.11 (c) は，視覚的に明確なPマークを右方向矢印にしたときの 3 秒後に左右どちらかに提示されるFマークの発見時間である．図 6.11 (a) で左の発見が早かった被験者 D は，はっきりしたPマークによって注意が右に誘導されていると考えられる．また，図 6.11 (a) で有意な左右差が認められなかった被験者 B, C は，図 6.11 (c) で有意に右が早くなっている．

図 6.11 (d), (e) が閾下意識に刺激を提示する場合である．処理データ数は，図 6.11 (b), (c) と同じである．図 6.11 (d) に示すように，閾下情報として左方向に矢印を提示した場合，各被験者 A〜D は，Fマークの発見が左方向で有意に速くなっている．また図 6.11 (e) では，閾下情報として右方向に矢印を提示したときのFマークの発見時間について示す．被験者 A〜E とも，右の発見速度が有意に早くなっている．なお，この実験において，すべての被験者からPマークの表示についての認識が報告されていない．

6.8.3 考　　察

HMD 方式により広い視野角が得られなかったが，視覚的に明示されたPマークの事前提示によりFマークの発見速度が速くなり，プライミング効果が静

止画のみならず動画においても観測された．このことから，実験方法が閾下意識への情報提示を検討するのに妥当であったと考える．

　背景に対してコントラスト比を低下し，被験者にとって認識されにくい視覚的閾下情報の提示に対して視覚的に明示されたマークほどの反応速度改善は認められなかったが，動画においてもFマークの左右出現に対して発見速度改善の有意差が認められ，ドライバがPマークを意識していないにもかかわらず，生体に何らかの影響が作用し，プライミング効果が確認された．また，静止画による検証と動画による検証を通して道路風景などの物体移動に視線が誘導されて右や左のFマークを素早く発見しているのではないことがわかる．初歩的な段階ではあるが，閾下意識に作用する視覚情報としてコントラストを低下させたマーク表示をウインドシールドなどに投影し，危険箇所をドライバが意識することなく注意誘導できる可能性が示されたと考える．

6.9　閾下刺激による情報伝達手法に関するまとめ

　閾下意識に作用する視覚的マークとして，背景に対してコントラスト比を低下させたマークを短時間提示し，その提示によって視覚的な情報に対する発見感度が向上するかを検討した．その結果，何人かの被験者に対して有意な発見時間の短縮が認められた．閾下意識に作用する刺激としては，短時間な視覚的情報の提示が一般的であるが，この研究では，実際の運転場面に適用する場合に光学的環境が大きく変わることを考慮し，明るさの変化に対してロバストと考えられる閾下刺激を設定した．具体的には，背景に対してコントラスト比を下げた情報を閾下刺激とし，限定的ながら，被験者に対して注意誘導効果があることを見出した．

　実際の車載適用を実現するためには，次のような課題をさらに検討する必要があると認識している．

(1) 被験者集団の拡大，老若男女，運転経験などの違いにより，今回見出した特性が同様に見出せるかの検証．
(2) 閾下情報による注意誘導に関して，多数試行時の慣れや副作用に関する検討．

　これらの課題を具体的に深く検証し，より現実的なシステムへの検討を進め

る必要がある．

　この章の前半で説明したように，自動車にカメラやレーダを搭載し，前方の景色から危険な要因(ハザード)を検出・特定するシステムの結果をドライバに提示する手段として閾下刺激提示が考えられる．本研究の情報提示手法と既研究の危険要因の特定手法を統合することにより，危険な場面を無意識下に注意誘導し，危険な状況に準備を促し，事故の発生を減少させる可能性を見出した．こうした手法による情報提示が，現実的な場面で注意誘導を無意識下に行える可能性は高い．注意誘導の結果，多方面への注意が阻害される注意資源の減少につながることは好ましくない．この点も，意識的に表示する警報よりも閾下刺激のほうが注意資源の利用が少ない可能性も考えられる．

7章 未来の車

いままで，知能化という技術的側面を通して自動車運転支援技術の進む方向の一つを考えてきた．ここでは，「車社会」という大きな枠組みで，これからの「車社会」がどのように変化していくのかを考える．「車社会」を概観するときに，図 7.1 に示すように，いくつかのキーワードが浮かび上がる．

未来の「車社会」を考えるキーワードとしては，いままで説明した「知能化」のほかに，「ネットワーク」，「カーシェアリング」そして，「エネルギー」が挙げられる．以下，それぞれについて説明する．

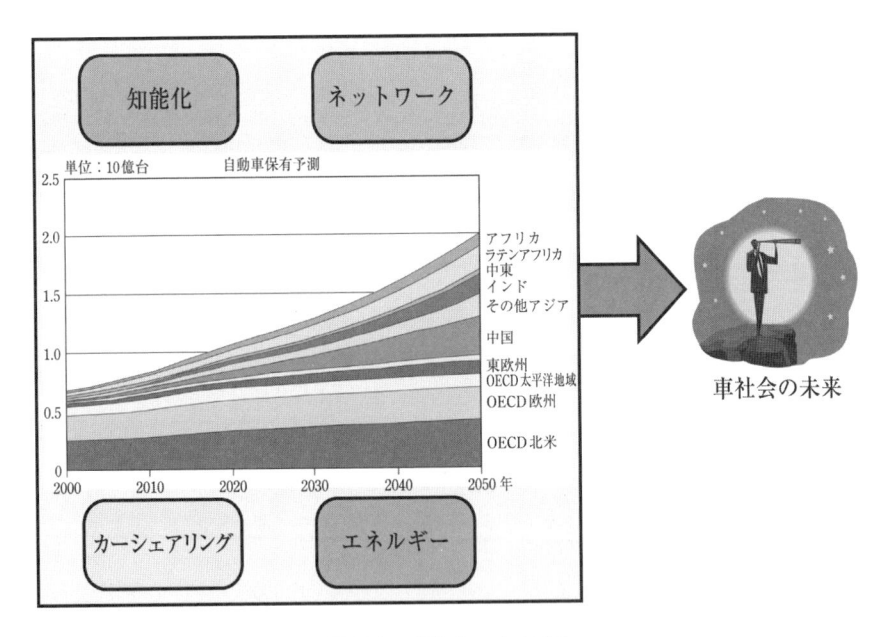

図 7.1　車社会の未来 [7.1]

7.1 ネットワークでつながる車

最初のキーワードであるネットワークについて説明する．現在，インターネットにより多様な情報を手に入れることができるが，こうしたインターネット網が移動体と接続され，さらに有機的な価値を生み出していくと考えられる．「プローブカー」というコンセプトがある．図7.2に示すように，タクシーやバスなどの自動車を移動する交通観測モニタリング装置と位置づけ，きめ細かに交通行動，位置情報，車両挙動，あるいは気候や自然に関わる状況をモニタリングするシステム[7.2]である．

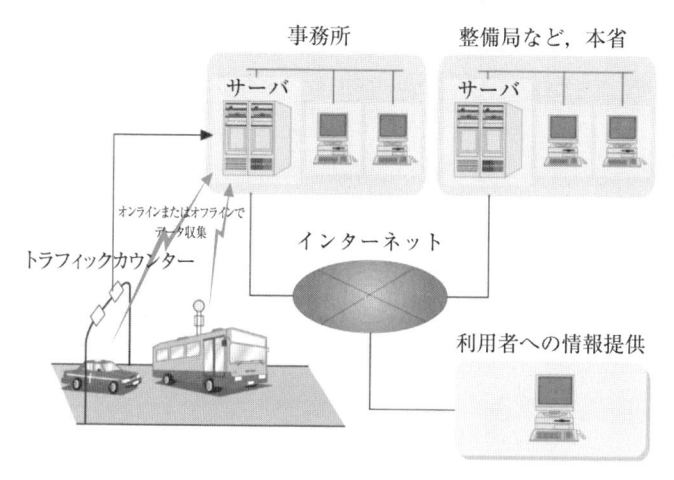

図 7.2　プローブカーの概念図 [7.2]

また，最近の車には，白線を検出するためのカメラや車間距離を測定するためのレーダなどが装着されている．こうした車両が普及することによって，今後，図7.3に示すように，上記のプローブカーのコンセプトを拡大し，一般自家用車に設置されたカメラ情報を他車が共有することができるようになる可能性もある．たとえば，運転中，目的地付近での事故発生の情報を入手した．そのとき，その事故現場周辺にいるプローブ，すなわち他車のカメラにアクセスし，自分の目で事故現場周辺の状況を確認することができる．また，冬期など，これから走行しようとする道路の局所的な路面温度変化や路面状態変化などがわかっていれば，その情報に応じてABS (Anti－lock Brake System：滑りやすい

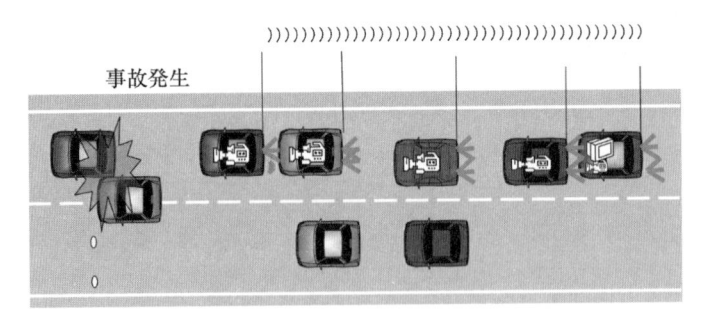

図 7.3 前方画像情報の共有

路面で急ブレーキをかけても，操舵操作を可能にする制御システム）や車両の安定性を制御し，スピンなどの発生を防止する VDC (Vehicle Dynamic Control) の制御特性をあらかじめきめ細かく補正し，より安全な運転が可能になると考えられる．もちろん，現在でも交通情報や天気予報などで気候・気温はわかっても，自車が走行する道路の局所的情報を得ることは難しい．その意味において，自車の外界センサの検出範囲が飛躍的に拡大したことに相当し，ミクロ的な走行環境把握とマクロ的な走行環境把握が共存する新しい情報のネットワークが構築されたことになる．非常に多数の車両を対象としたプローブカーのシステムにおいては，プローブ情報のマネージメントやセキュリティの問題など多くの課題があるが，未来のネットワーク情報社会を構成する移動体の役割を象徴する好例といえる．

また，図 7.4 に示すように，山道などで 2 台の車がすれ違う場面を考える．走行する道路が限定されていると仮定すれば，すれ違う車は，自分がこれから走行しよ

図 7.4 車-車間通信による対向車とのすれ違い通信

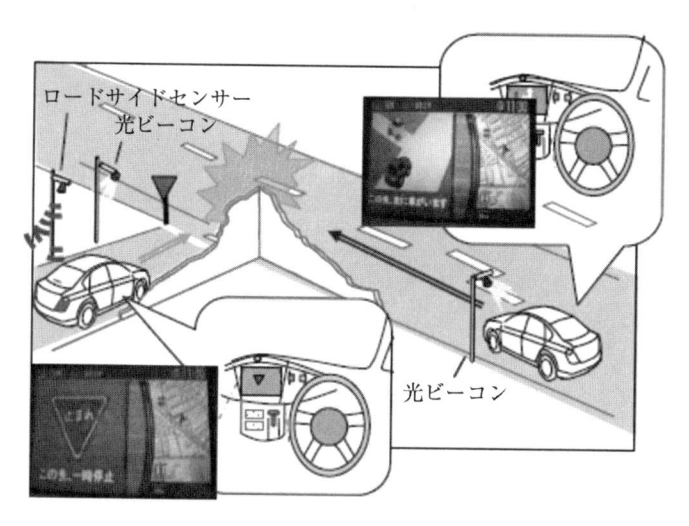

図 7.5　路車間通信による安全情報の提供 [7.4]

うとする道路を走ってきていることになる．つまり対向車は，自分がこれから走行するときに知っていると，運転が楽になったり，安全になったりする路面状態や突発的な障害物情報などをもっている．したがって，そうした情報を累積しておき，対向車がすれ違い際に車-車間通信で情報を交換すれば，お互いに有効な情報を得たことになる．こうした，車-車間通信 [7.3] の研究も進められ，車相互のコミュニケーションがより重要になる．

また，ITS で道路側設備から画像情報や接近情報などを各車両に伝達するシステムも普及してくると考えられる．図 7.5 に示すように，道路側に設置された車両感知センサなどからの情報を各車が受信し，出会いがしらでの衝突事故や高速道路前方での事故発生時の対応など個々の車が周囲の車や道路とつながり，人間の能力を拡大して安全を確保するようになる．まさに，1台，1台の車が有機的な情報発信や受信をしながらつながっていく社会が訪れようとしている．

7.2　カーシェアリングによる価値観の変化

都市部において，かつては一家に1台，自家用車があることがある意味ステータスであった．しかし，都市部の公共交通機関が発展した場所においては，

駐車場代，自動車保険料などの自動車維持費の経済的負担と自動車を所有することの利点を再考し，自分の自家用車を所有せず，レンタカーなどのカーシェアリングを選択するユーザーも多くなってきている．また，必要なときだけレンタカーを借りるというケースも増えている．

常に自分の移動手段を身近に確保しておきたいユーザーは，大型車を所有する必要はなく，小型の2人乗り程度のコミュータのような車を所有し，必要なときに利用する．たくさんの人数で行楽地に行く場合は，レンタカーを利用するなどの車の利用スタイルに変化が起きている．

最近は，図7.6に示すように，カーシェアリングEVが主流になり，比較的走行距離の短い範囲でカーシェアリングを行う地域も出現してきた．また，そうした走行ルート上に充電設備を配置し，EVなどで不便を感じず，かつ環境にも優しい車社会に変容してくると考えられる．自分で所有する大型ガソリン車から，みんなで使う小型EV車で環境保護に貢献するという風潮が確立されてきている．観光地などを中心にこうした流れが加速されると考えられる．

図7.6 EVとカーシェアリング[7.5]

7.3 車とエネルギー

昔から化石燃料の枯渇が叫ばれてきたが，図 7.7 に示すように，まだ原油が枯渇するには時間がありそうである．しかし，2011 年 3 月 11 日の東日本大震災による電力環境の変化に伴い，よりエネルギーを節約しようとする流れが起

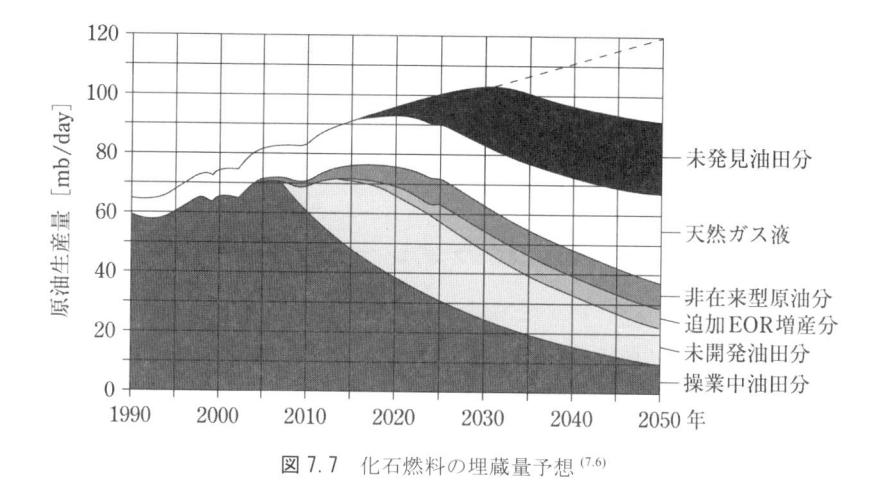

図 7.7 化石燃料の埋蔵量予想 [7.6]

図 7.8 次世代自動車販売予測 [7.7]

こり，ハイブリッドカーの全体自動車に対する割合が大きく変化している．図7.8に示す国内販売におけるエコ・カーの新車普及予測 (軽自動車を含む新車販売台数構成比が 3 % を超える年，自動車関連企業勤務者の回答率を累計) にも震災による傾向の変化が見られる．

世界的な範囲で考えた場合，将来的には燃料電池車などに変化していくと考えられるが，技術的な課題もあり，ハイブリッド車，EV 車，燃料電池車など，さまざまな様式が混在する期間がしばらく続くと考えられる．特に，EV の普及においては，2 次電池が大きなボトルネックになっており，革新的な技術により電池性能の大きな変化があれば EV の普及率は劇的に変化するとも考えられる．

7.4 知能化のブレークスルー

本章で示したように，ドライバ機能を代替する運転支援装置の本質的役割を助ける要素技術としてセンサデバイス技術やアルゴリズム技術がある．これらの技術が大きく変化すると，運転支援を中心とした車の知能も大きく変化する可能性がある．

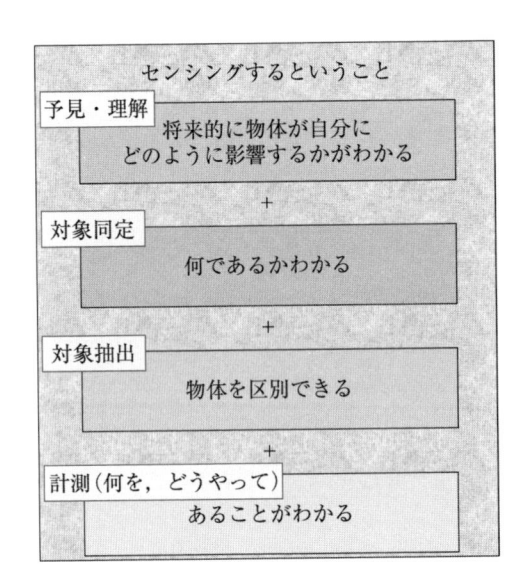

図 7.9 センシングの本質的な技術的構成

図7.9に示すように，周囲の状況を正確に把握するためには，人間の目に対応するセンシングデバイス技術を進歩させることと，人間の頭脳に対応するセンシングアルゴリズム技術を高める必要がある．人間の目に対応する技術は，センシングの中でも計測や対象の抽出に関するものであり，頭脳に関する部分は，周囲の背景から重要な対象を抽出し，それが何であるか同定し，結果的に自車との影響を予測することに対応する．

図7.10は，センシングにおける目の技術と脳の技術がどのように進化していくかを示すロードマップである．目の技術は，センシングデバイスとしての解像度・画角・検出周期が向上し，結果的に高分解能な細かい状況を把握することができるようになる．人の目にたとえれば，やっと人の目程度に見えるようになったセンシングデバイスが，これからは人の目を越えて対象物の化学組成などがわかるようになるかもしれない．

多様な情報がセンサデバイスから得られるようになる．たとえば，車が事故を起こしたとき，周囲に存在する物体の素材の質も含めて把握することができれば，金属や木材などを判定することができ，できるだけ車両のダメージを少なくするように事故を回避することも夢物語ではないかもしれない．

また，人間の頭脳に対応するセンシングアルゴリズムについては，2章の図2.9で示し，また図7.10で示すように，対象物を人間が理解しやすく形状パターンや物理的な特徴量を画素ごとに調べていたものが，分類するのに必要な特

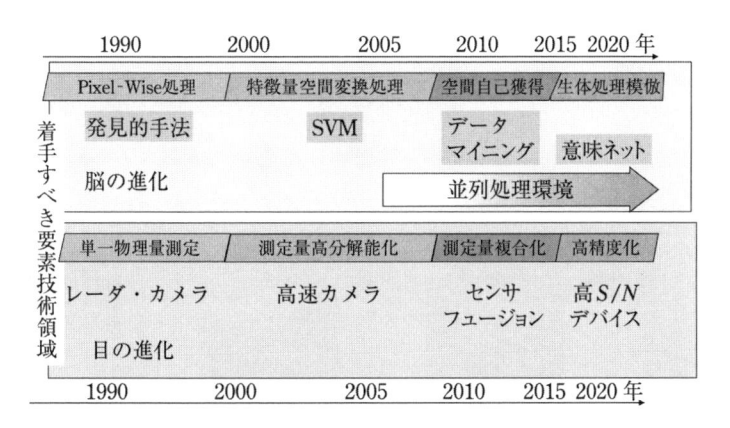

図7.10 センシングのための目と頭脳の進化

徴量を統計的に解析した新しい特徴量空間での検出が中心となり，さらに，その特徴量を求める機械学習などの手法により特徴空間を自己獲得できる手法が導入されると考えられる．論理的に形状やパターンをあらかじめ用意してある検出対象のテンプレートと比較して検出対象か否かを判定する左脳的論理性から，直感的に対象物の特徴量を把握して重要な部分を絞り込む右脳的機能が加わりながら，未来の運転支援装置のセンシングは発展していくものと考えられる．

そして，こうした目と脳の進歩により，自動車の「走る」，「止まる」，「曲がる」の技術の進歩とあいまって，センシングの適用場面は，図7.11のような進歩を遂げると考えられる．たとえば，「止まる」技術であれば，高速道路のように走行区分が明確でない道路において，周囲の車両と自車がどのように空間的に干渉するかを予測しながら自車のブレーキを制御する技術に発展していくものと考えられる．結果的に，複雑な場面でも安全に制御されることが期待される．ただし，いままでのアルゴリズムのままであると，複雑で相互干渉が予測されると相互の車の軌道推定ができなくなってしまう問題があった．

そうした問題を解決するためにも，全体的な交通流を把握できるスーパーバ

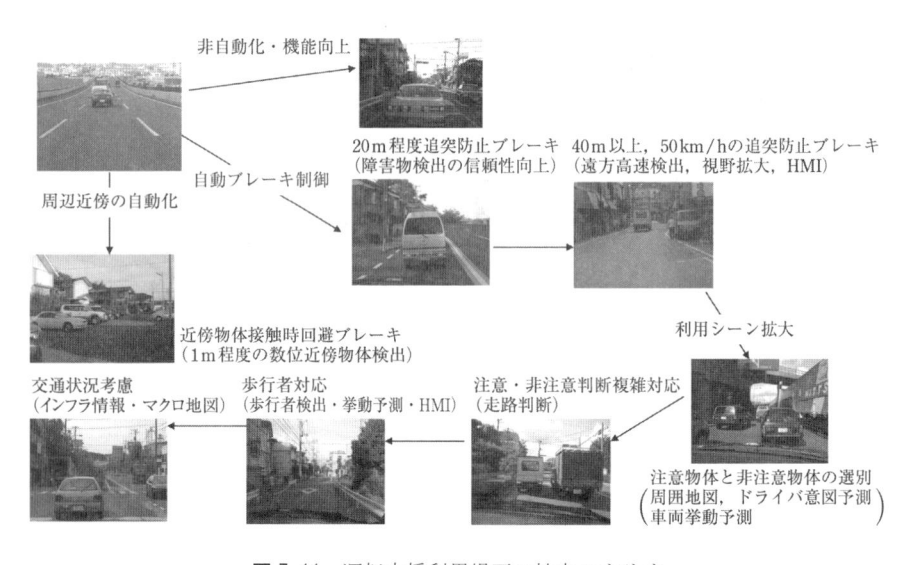

図7.11 運転支援利用場面の拡大シナリオ

イザーによる統合的な交通流の制御が重要であると考えられる．これからも自動車は，その形状やエネルギーユニットが変化していくだろうが，人間にとって重要な機械であり続けると考えられる．ますます，これからの自動車が楽しみである．

参 考 文 献

≪1章≫

(1.1) 鈴木　直：電子材料, 7, pp.22-30 (1990).
(1.2) S. Kazuki : "Trends in ITS standardization activities in ISO / TC204", Japan Automobile Research Institute (JARI) Research Journal, 33, 3, pp.11-14 (2011).
(1.3) G. Nirschl : "Human-Centered Development of Advanced Driver Assistance Systems", Human Interface and the Management of Information. Interacting in Information Environments, 4558, pp.1088-1097 (2007).
(1.4) N. Moray and T. Inagaki : "Trust between humans and machines in automated system", Trans. Inst. MC, 21. 4, 5, pp.203-211 (1999).
(1.5) A.Turing : "Computing Machinery and Intelligence", Computers and Thought, 11-35, Mc. Graw Hill (1963).
(1.6) 安田荘太・花谷和彦：「最新の VDC 技術動向 (特集 Safety Shield コンセプトに基づく安全新技術)」, 日産技報, 63, pp.24-27 (2008).
(1.7) 高橋　宏・黒田浩一 ほか：「ドライバの車両挙動に対する期待を陽に扱った駆動力制御の一考察」, 日本機械学会論文集C, 62, 598, pp.2178-2185 (1996).
(1.8) 山田陽滋：「人の意を考慮した人間/知能機械系」, 計測と制御, 38, 6, pp.363-368 (1999).
(1.9) E. Hartmann : "Driver Vision Requirements, Paper number 700392", Proc. of Society of Automotive Engineers (1970).
(1.10) S. Tsugawa : "An Overview on Control Algorithms for Automated Highway Systems", 234-239, Proc. of IEEE International Conference on Intelligent Transportation Systems (1999).
(1.11) H. Takahashi : "Vehicle control based on fuzzy evaluation knowledge obtained by coefficients of ARAMA model", J. of Advanced Computational Intelligence, 1, 1, 9-13 (1997).
(1.12) 山田誠二・室田盛道：「自己組織化マップを用いた移動体ロボットによる行為系列からの環境認識」, 日本ロボット学会学会誌, 17, 6, pp.101-110 (1999).
(1.13) 安信誠二 ほか：「人間の制御戦略に基づいた自動車の知的制御システム」, 第15回ファジィシステムシンポジウム講演論文集, pp.287-288 (1999).

≪2章≫

(2.1) 古川　修：「AHS に関連した車載技術の現状と将来」, 自動車技術, 52, 1, pp.42-46 (1998).
(2.2) H. Kawazoe et al. : "Development of a lane- keeping support system", Proc. of Intelligent

Vehicle Initiative Technology and Navigation Systems, pp.29-35, Society of Automotive Engineers, Inc. Warrendale, USA (2001).

(2.3) S.Ishida et. al. : "Development, Evaluation and Introduction of a Lane Keeping Assistance System", Proc. Of 2004 IEEE Intelligent Vehicles Symposium, pp.943-945 (2004).

(2.4) D. Bruin, J. Kroon, R. Klaveren and M. Nelisse : "Design and Test of a Cooperative Adaptive Cruise Control System", Proc. of 2004 IEEE Intelligent Vehicles Symposium, pp.392-396 (2004).

(2.5) 丸茂喜高・鈴木桂輔 ほか:「低速域 ACC の機能がドライバの運転特性に及ぼす影響の検討」, 自動車技術会 2003 年秋季大会学術講演会前刷集, 67, pp.9-12 (2003).

(2.6) 宇佐美祐之:「自動車事故を減らすために:ドライバーモニタ付きプリクラッシュセーフティシステム」, 電気学会誌, 124, 4, p.224 (2009).

(2.7) 碓井茂夫:「前方認識センサによる運転支援技術」, 自動車技術, 63, 12, p.30 (2009).

(2.8) T. Inagaki, M. Itoh and Y. Nagai : "Support by Warning or by Action: Which is Appropriate under Mismatches between Driver Intent and Traffic Conditions?", IEICE Transactions on Fundamentals of Electronics, Communications and Computer Sciences, E 90-(11) p.2540 (2007).

(2.9) Document WP.29-150-22. Guidelines on establishing requirements for high priority warning signals : www.unece.org/trans/doc/2011/wp29/WP29-153-09e.pdf (2011.5).

(2.10) M. Brackstone, M. McDonald : "Barriers to motorway traffic operations and their potential solution", Proc., IV2001, pp.221-226 (2001).

(2.11) T. Acarman, U. Ozguner et al. : "Non-standard safety enhancement", Proc. IV2001, pp.417-422 (2001).

(2.12) Ching-Yao Chan et al. : "Feasibility analysis of steering control as driver-assistance function in collision situation, IEEE Transactions on ITS, 2, 1, pp.1-9 (2001).

(2.13) A. Amdits et al. : "An adaptive HMI for integrated ADAS / IVICS presentation to the driver", Proc. 11th International Conference on Human-Computer Interaction (2005).

(2.14) Electronic Journal 別冊 「2008 自動車用半導体・センサ技術大全」, (株) 電子ジャーナル (2008).

(2.15) 金田雅之:「居眠り検出技術に関する研究」, 自動車技術会学術講演会前刷集, 941 pp.29-32 (1994).

(2.16) 斎藤 浩・坂田雅男 ほか:「遠隔視線計測装置の開発」, 平 9 信学情報・システム全大春季 (1997).

(2.17) 曽根公毅:「事故低減への挑戦;インフォメーションセーフティとその将来」, 日産技法, pp.3-5 (1997).

(2.18) 先進安全自動車 (ASV) 推進計画 (第 2 期) に関する報告書;国土交通省自動車交通局先進安全自動車推進検討会 (2001).

(2.19) D. J. LeBlanc, R. J. Kiefer, R. K. Deering, M. A. Shulman, M. D. Palmer and J. Salinger : "Forward Collision Warning : Preliminary Requirements for Crash Alert Timing", Intelligent Vehicle Initiative, SAE, pp.1-9 (2001).

(6.8) H. Takahashi et al. : "Obstacle Detection Algorithms Dealing with Vagueness of Sensing Signal", in Proc. of IEEE International Vehicle Electronics Conference 2001, pp.163-168 (2001).
(6.9) 大野健彦・武川直樹 ほか：「眼球形状モデルに基づく視線測定システム－視線入力デバイスの実現に向けて」，情報処理研究報告, 2001-HI-93, pp.47-54 (2001).
(6.10) J. L. Barron et al. : "Performance of Optical Flow Techniqui", International Journal of Computer Vision, 12, 1, pp.43-77 (1994).
(6.11) T. Martin et al. : "Training Feed forward Networks with Marquardt Algorithm", IEEE Transactions on Neural Networks, 5, 6, pp.989-994 (1994).
(6.12) 藤田光伸・小竹元基 ほか：「簡易型ドライブレコーダによるヒヤリハットデータ収集と分析」，自動車技術会春季大会講演会, 54, 5, pp.9-12 (2005).
(6.13) H. Takahashi : "A New Approach to Call Drivers' Attention to Hazard", Proc. Joint 4th International Conference on Soft Computing and Intelligent Systems and 9th International Symposium on advanced Intelligent Systems, pp.1250-1254 (2008).
(6.14) 川畑秀明・関口達彦：「閾下／閾上視線手がかりによる注意シフト」，信学技報, 108, 199, HIP2008-53, pp.37-42 (2008).
(6.15) T. Watanabe, J. Nanez and Y. Sasaki : "Perceptual learning without perception", Nature, 413, pp.844-848 (2001).
(6.16) 坂元　章・坂元　桂 ほか：サブリミナル効果の科学―無意識の世界で何が起こっているのか，学文社，東京 (1999).
(6.17) T. Norretranders : "The User illusion : Cutting Consciousness Down to Size", Penguin Groupe, USA (1999).
(6.18) M. Zimmermann : The Nervous System in Context of Information theory, R. F. Schmidt and G. Thews, eds, Human Physiology, 2nd ed. belline, SpringerVerlag (1989).

≪7章≫

(7.1) 持続可能な開発のための世界経済人会議 (WBCSD) 資料 (2004).
(7.2) 国土技術政策総合研究所，道路管理の高度化，プローブカー
http://www.nilim.go.jp/japanese/its/2reserch/1field/3probecar/pro.htm, (2012)
(7.3) 中村正人・木谷友哉 ほか：「各車両の予定経路情報を利用した車車間通信による情報取得手法の提案」，情報処理学会研究報告, ITS [高度交通システム] 2009, 24, pp.23-29 (2009).
(7.4) ITS 推進協議会, http://www.kantei.go.jp/jp/singi/it2/others/its_safety2010-keikaku.pdf, (2010).
(7.5) たとえば，Careco, http://www.careco.jp/service/ev/ (2012).
福岡市の EV カーシェアリング，http://timesplus.jp/pub/city-fukuoka/
(7.6) 小椋正巳：「エネルギー・環境問題から考える自動車の未来 (<特集> 乗り物の未来像)」，日本機械学会誌, 113, 1104, pp.876-878 (2010).
(7.7) IEA (The International Energy Agency) ; Energy Technology Perspectives 2010 (2010).

≪5章≫

(5.1) 金　淵培：「エージェント技術の現状と実用化」，人工知能学会誌, 12, 6, pp.850-860 (1997)．
(5.2) R. A. Brooks : "Intelligence without representation", Artif. Intell., 47, 1, pp.139-160 (1991).
(5.3) 馬越龍二：「環境認識技術とシャシー制御への応用」，三菱自動車テクニカルレビュー, 5, pp.48-57 (1993)．
(5.4) 高橋　宏：「ドライバ・車両・走行環境インタラクションモデルによる自動車制御の設計法に関する一考察」，日本ロボット学会誌, 16, 5, pp.672-683 (1998)．
(5.5) 井口征士：「感性の情報科学的研究」，計測と制御, 33, 3, pp.198-203 (1994)．
(5.6) 大島　尚 編：認知科学, 新曜社 (1996)．
(5.7) D. A. Norman : The design of everyday things, New York, Freeman (1990).
(5.8) J. Rasmussen : "Skills, rules, and knowledge ; signals, signs, and symbols, and other distinctions in human performance models, System design for human interaction", IEEE press, pp.291-300 (1987).
(5.9) S. E. Underwood：Delphi Forecast and Analysis 1991；HIS Technical Report 92-II (1992).
(5.10) 藤岡健彦：「操舵支援システムによる障害物回避性能の向上に関する研究」，日本機械学会第8回交通・物流部門大会講演論文集, pp.79-82 (1999)．
(5.11) H. Takahashi and K. Kuroda : "Study on intelligent vehicle control considering driver perception of driving environment", J. of Advanced Computational Intelligence, 3, 1, pp.2-49 (1999).

≪6章≫

(6.1) 小高賢二：「追突軽減ブレーキにおける人と車の相互作用」，ヒューマトロニクスシンポジウム論文集, 自動車技術会, pp.31-37 (2004)．
(6.2) 辻　孝之・橋本英樹 ほか：「夜間の歩行者認識支援システムの開発」，自動車技術会学術講演会前刷集, 20055287 (2005)．
(6.3) 國分三輝・小西浩之 ほか：「ドライバのリスク感受特性分析」，ヒューマンインタフェース学会論文集, 5, 1, pp.27-36 (2003)．
(6.4) 赤松幹夫・笠原　亨 ほか：「運転行動の記録映像に対するドライバ自身による言語報告に基づく運転タスク分析」，ヒューマンインタフェース学会誌, 4, 2, pp.93-102 (2002)．
(6.5) 小泉智史：「走行車両の時制階層型環境危険度推論システムに関する研究」：東京工業大学博士論文 (2000)．
(6.6) 中野倫明・水野守倫 ほか：「運転中のドライバの視線移動計測システム」，自動車技術会学術講演会前刷集, 941, pp.41-44 (1994)．
(6.7) 山本恵一：「運転注意力モニタに関する研究」，日本機械学会交通・物流部門大会講演論文集 (1997)．

する一考察」,計測自動制御学会論文集, 32, 6, pp.904-911 (1996).
(3.10) 高橋　宏・黒田浩一 ほか:「視覚情報を考慮した自動車用駆動力制御の検討」,日本機械学会論文集 C, 65, 636, pp.3348-3354 (1999).
(3.11) 農宗千典・小沢慎治:「連続道路画面からの道路構造とカメラ姿勢の同時推定」,電子情報通信学会論文誌, J76-D-II-3, pp.514-523 (1993).

≪4章≫

(4.1) T. L. Saaty : Analytic Hierarchy Process, McGraw Hill (1980).
(4.2) 椎塚久雄・杉山孝男:「階層化ファジィ積分による主観的意志決定法について」,第8回ファジィシステムシンポジウム講演論文集, pp.33-36 (1992).
(4.3) H. Takahashi : "Intelligent Controlled Automatic Transmission", Proceedings of the 12th Triennial World Congress of the International Federation of Automatic Control, 5, pp.91-94 (1993).
(4.4) 日本ファジィ学会編:「ファジィ理論の人文・社会科学」,講座ファジィ 14, 日刊工業新聞 (1994).
(4.5) 室伏俊明・菅野道夫:「ファジィ測度論入門」,日本ファジィ学会誌, 3, 4, pp.673-682 (1991).
(4.6) Y. Nishida : "Human Error as a Road Traffic Accidents Factor : the Result of Statistic Analysis", Journal of Society of Automotive Engineers of Japan, 62, 12, pp.22-27 (2008).
(4.7) T. Nakano, M. Yamada and S. Yamamoto : "Human Error by Decline in Cognitive and Decision Performance of Older Drivers", Journal of Society of Automotive Engineers of Japan, 62, 12, pp.35-39 (2008).
(4.8) J. Reason : Human Error, Cambridge University Press (1990).
(4.9) D. A. Norman : "Categorization of action slips", Psychological Review, 88, pp.1-14 (1981).
(4.10) Advanced Driving Assistant System, Focus NEDO, 5, 21, pp.17-19 (2006).
(4.11) T. Nagata, T. Miyake, T. Imamura and Z. Zhang : "Evaluation of degree of driving concentration based on driver's gaze action measurement", Proceedings of Society of Automotive Engineers of Japan, 20085888 (2008).
(4.12) T. Inagaki : "Human interaction with adaptive automation : Strategies for trading of control under possibility of over-trust and complacency", Proc. AugCog International (2005).
(4.13) C. Okuno, H. Kume, T. Haga, and T. Yoshizawa : "Multivariate Analysis", Union of Japanese Scientists and Engineers press (1981).
(4.14) N. Moray, T. Inagaki and M. Itoh : "Adaptive Automation, Trust, and Self-Confidence in Fault Management of Time-Critical Tasks", Journal of Experimental Psychology : Applied, 6, 1, pp.44-58 (2000).

(2.20) 小嶋浩一・山本康典 ほか：「車線逸脱防止装置」，自動車技術，56, 11, pp.33-37 (2002).

(2.21) 古谷昌之・野中正勝：「前方障害物衝突防止支援システムの開発」，自動車技術，56, 11, pp.28-32 (2002).

(2.22) T. B. Sheridan : "Telerobotics, Automation and Human Supervisory Control", MIT press (1992).

(2.23) 高橋 宏・西内秀和 ほか：「ビジョンベースの車両検出における非検出・誤検出の一考察」，日本応用数理学会 2002 年度年会講演集 (2002).

(2.24) M. Emdsley : "Towards a Theory of Situation Awareness in Dynamic Systems", Human Factors, 37, 1, pp.32-64 (1995).

(2.25) 椹木哲夫・北村正晴 ほか：「自動化におけるヒューマン・システム・インタラクションの諸相」，ヒューマンインタフェース学会誌，2, 1, pp.30-39 (2000).

(2.26) 丸茂喜高：「自動車の運転支援システムが目指すべき姿について(リスクと安全・安心をめぐる心と技術)」，電子情報通信学会技術研究報告 SSS, 安全性, 109, 151, 17 (2009).

(2.27) 増田貴之・芳賀 茂：「自動車運転支援システム導入に伴う負の適応」，自動車技術，62, 12, p.16 (2008).

(2.28) 木村貴彦・三浦利章 ほか：「三次元空間における注意資源配分—判断難易度からの検討」，心理学研究，78, 2, p.133 (2007).

≪3章≫

(3.1) 佐藤知正：「人間機械協調」，計測と制御，35, 4, pp.262-267 (1996).

(3.2) 片桐恭弘：「エージェントのメンタルモデル」，人工知能学会誌，10, 5, pp.668-675 (1995).

(3.3) L. A. ザデー：「ソフトコンピューティング」，日本ファジィ学会誌，7, 2, p.3 (1995).

(3.4) Y. Inagaki et al. : "Behavior-based Intention Inference for Intelligent Robots Cooperating with Human", Proc. of the International Joint Conference of the Fourth IEEE International Conference on Fuzzy Systems and the Second International Fuzzy Engineering Symposium, 3, pp.1695-1700 (1995).

(3.5) 高橋 宏：「ドライバのあいまいな操作情報から走行状況を推定するヒューマンセンサの提案」，日本ファジィ学会誌，4, 6, pp.1188-1210 (1992).

(3.6) 近藤 薫・五家 仁 ほか：「ニューラルネットワークを活用した A／T のシフトパターン制御」，自動車技術会学術講演会前刷集，944, pp.241-244 (1994).

(3.7) J. J. Gibson : "The sense considered as perceptual systems", Houghton Mifflin (1966).

(3.8) D. E. Rumelhart : Introduction to human information processing, John Wiley & Sons, Inc. (1977).

(3.9) 高橋 宏・黒田浩一 ほか：「ドライバの運転意図を推定するモデルの同定手法に関

索 引

ア 行

隘路 ……………………………………… 32
隘路部通過速度推定モデル ……………… 38
アクチュエータ …………………………… 3
アクティブ型のセンサ …………………… 24
アフォーダンス ……………… 33, 34, 43, 56
アルゴリズム技術 ………………………128
閾下意識 ……………………………112, 113
閾下刺激 …………………………………113
意味ネット ………………………………129
インパクトセーフティ …………………… 27
インフォメーションセーフティ ………… 27
右脳的機能 ………………………………130
エネルギー ………………………………122
エンジン・パワートレイン制御 ………… 17
エンジンブレーキ ……………… 89, 90, 96, 98
オプティカルフロー ……………………104

カ 行

カーシェアリング ………………………122
カーシェアリングEV ……………………126
階層的ファジィ積分 ……………………… 52
官能評価 …………………………………… 92
機械学習 ……………………………23, 130
急カーブ減速モデル ……………………… 44
クラスタリング …………………………104
クローズドループ制御系 ………………… 79
ゲイン ……………………………………… 32
高度道路交通システム …………………… 11
コンテクスト(文脈) ……………………… 82
コントロールセーフティ ………………… 27

サ 行

左脳的論理性 ……………………………130
サブサンプションアーキテクチュア …… 81
自己組織化 ………………………………… 23
磁石(磁気ネイル) ………………………… 11
自動車基準世界フォーラム ……………… 19
社会受容性 ………………………………… 28

車間距離自動制御 ……………………… 16
車両挙動期待 ……………………………… 79
周囲モニタ ………………………………… 16
小脳の知能化技術 ………………………… 9
スキーマ …………………………………… 64
スキャニング型レーザレーダ …………… 39
スキルベース ……………………………… 84
スキルベースモデル ……………………… 87
スリップ …………………………………… 65
制御タイミング …………………………100
設計指針 …………………………………… 3
センサデバイス技術 ……………………128
センサフュージョン ……………………129
センサヘッド ……………………………… 80
センシングアルゴリズム ………………… 24
センシングデバイス ……………………… 24
測度 ………………………………………… 52
ソフトコンピューティング ……………… 10

タ 行

体験的モード ……………………………… 86
大脳の知能化技術 ………………………… 9
惰性走行 …………………………………… 90
多層パーセプトロン ……………………106
奪取エラー ………………………………… 64
多目的意思決定 …………………………… 52
知識ベース ………………………………… 81
知識ベースモデル ………………………… 87
注意資源 ……………………………31, 121
低速追従機能付加ACC …………………… 14
データマイニング ………………………129
ドップラーシフト ………………………… 24
ドライバ支援 ……………………………… 28
ドライバ受容性 …………………………… 28
ドライブレコーダ ………………………… 31
トラスト …………………………………… 5

ナ 行

内省的モード ……………………………… 86
ニューラルネットワーク ……… 33, 105, 106

認知エラー ……………………………… 64
ネットワーク …………………………… 122

ハ行

パーセプトロン ………………………… 106
ハザード …………………………… 101, 102
バックモニタ …………………………… 16
パッシブ型のデバイス ………………… 24
汎化性 …………………………………… 10
判別分析 ………………………………… 73
判別分析問題 …………………………… 73
悲観的融合 ……………………………… 55
非手続き型のプログラム ……………… 23
ひやり運転 …………………………… 111
ヒューマンエラー分類 ………………… 65
ヒューマンマシンインタラクション … 22
ファジィ推論 ………………………… 102
ファジィ知識ベース …………………… 81
プライミング効果 …………………… 119
ブラインドモニタ ……………………… 16
プリクラッシュブレーキ ……………… 17
プローブカー ………………………… 123

マ行

マハラノビス汎距離 …………………… 73
ミステーク ……………………………… 65
ミリ波レーダ …………………………… 24
メカトロニクス ………………………… 2
メカニクス ……………………………… 2
メンタルモデル …………………… 38, 81, 86
モードエラー …………………………… 64
目標値達成エージェント ……………… 8
目標値生成エージェント …………… 8, 10

ヤ行

優加法測度 ……………………………… 55
余裕時間 ………………………………… 19

ラ行

楽観的融合 ……………………………… 55
ラプス …………………………………… 65
リスクホメオスタシス ………………… 31
リモートセンシング …………………… 22
ルールベース ……………………… 81, 84
ルールベースモデル …………………… 87
レーンキープサポートシステム ……… 17
劣加法測度 ……………………………… 55

ワ行

ワークロード …………………………… 8

欧文

ACC (Adaptive Cruise Control System)
 …………………………… 13, 16, 79, 80, 81
AHP (Analytic Hierarchy Process) …… 52
AT 車の誤発信防止 …………………… 17
Automation Surprise …………………… 19
Belief 測度 ………………………… 57, 58, 60
Control by Wire ………………………… 22
Distraction ……………………………… 19
GPS ………………………………… 44, 47
ITS (Intelligent Transport Systems) …… 4
Heuristic ………………………………… 23
HFI (Hierarchical Fuzzy Integral) … 52, 55
HMD (Head Mounted Display) ……… 115
Human-centered design ………………… 5
ITS (Intelligent Transport Systems) … 4, 11
LCX ケーブル ………………………… 11
LKS ………………………………… 12, 17
MLP …………………………………… 106
Norman ………………………………… 86
PCB (Pre-Crash Braking System) … 15, 17
Plausibility 測度 …………………… 57, 58, 60
Rasmussen ……………………………… 86
S/N 比 ………………………………… 129
Soft warning …………………………… 71
Trust ……………………………… 5, 78
VDC …………………………………… 6
WP29 …………………………………… 19
λ-ファジィ測度 ……………………… 58

用語説明

隘路：道幅が狭い道路．あいろ．

アクチュエータ：モータ，電磁ソレノイド(電磁石に電流を流し，発生する磁気により鉄片を引き付ける装置．鉄片が動くことで，機械を動かす)など，主に電気のエネルギーを運動のエネルギーに変える装置．昔は，エンジンシリンダ内の負圧を用いて点火時期を制御する純粋な機械機構だけでできたアクチュエータなどがあったが，最近はほとんどがモータやソレノイドを用いた電気・電子部品で構成されている．

アフォーダンス：人間の特定の動作が自然に誘導される形状や状態．James J. Gibsonが提唱した．たとえば，扉の取っ手(ノブ)は，それを初めて見る人でも，取っ手を握って扉を開けられるだろう．このとき，ドアの取っ手の形状は，それを握って引っ張りたくなる形状をしていると考える．これがアフォーダンスである．したがって，自動車の場合は，外界の走行環境内にドライバが減速したいと感じる要因があれば，それを認識することにより，減速方向の操作挙動を誘発する負のアフォーダンスであると考える．

閾下意識：人間が検出できる知覚の閾値以下の信号を提示することによって人間に何らかの影響を与えられるのではないかという考え方がある．この閾値以下の刺激を閾下刺激と呼び，この刺激を受けたときに感じているであろう意識を閾下意識と呼ぶ．顕在化された意識ではなく，潜在的に人間の挙動に影響を与えるであろう意識を指す．

意味ネット：ニューラルネットワークの一種．人間が頭の中でどのように情報を記憶しているかの構造を表現するためのモデル．ノードという概念．リンクが関係性を表す．「Aは，Bである」といった関係を記述する．

オプティカルフロー：画像処理の一方式．画面上の物体の各画素がどちらの方向にどのくらいの距離，移動しているかを算出する画像処理手法．動きの検出に利用する．

機械学習：人間が対象AとBを区別するとき，頭の中で違いを形式化する．機械学習では，AとBの違いを数学的に判別し，その違いを蓄積することで，統計的に分類してAとBを区別する関数を定式化する．たとえば，人間にとって犬と猫の違いは，鼻の出っ張り具合だとする．一方，複数の犬と猫の写真データから統

計的に分析(機械学習)された犬と猫の違いは,二つの目と鼻先の2点で結ばれる三角形の面積と体長の比が 2.5 よりも大きいとき犬で,小さいとき猫であるという結果を得たとする.このように,機械学習によって得られた判別式は,人間にとっては直感的に理解しにくい場合があるが,効率的に区別できる判別式を導き出すことができる場合が多い.

ゲイン:入力信号に何倍かして出力信号をつくるとき,その倍数のことをゲインと呼ぶ.ゲインが大きいということは,小さな変化が大きな変化として出力されるということ.

サブサンプションアーキテクチャ:Brooks によって提唱されたロボットのなどの制御構造の考え方.本来,ロボットは相手の意図を組んで自分の挙動を合目的的に決めるべきであるが,それを実現することは容易ではない.そこで,制御レイヤーなどを構成し,条件反射的に相手の動作に対して,その意図を陽に扱わず,挙動を決定しようとする考え方.

スキャニング型レーザレーダ:ミリ波レーダに対して光を放射し,対象物に反射して帰ってくる光を受信して,光の伝搬速度と反射に要する時間から距離を測定するレーダ.ミリ波レーダと原理は同じ.ただし,放射する光の光線(ビーム)が細いので,前方の走行状況を観察するには,ビームを上下左右に走査(スキャニング)して物体を探る必要がある.このビームをスキャニングさせる機構のついたレーザレーダ.

センサ:その場の物理的状況を測定したり検出したりする装置.従来の自動車開発では,磁石を用いた回転数センサ,サーミスタ(温度を検出する電子部品)を用いた油温センサなどの利用が中心であったが,近年では,レーザレーダ,ミリ波レーダ,カメラなどの複雑なセンシング装置が使われるようになってきた.センシング装置の中で,特に対象を検出する電子素子をセンサと呼ぶ場合がある.

センサヘッド:カメラやレーダなどのセンシングデバイスの主要部分をヘッドと呼ぶ.

測度:対象を評価するための物差し.測度が変わるということは,物差しが変わると考える.本書では,同じ物理的な状況であっても,人間の感じ方によって対象の評価が変化することを測度の違いによって表現している.たとえば,コップに 100 cc の水が入っている.のどがカラカラな人にとって,コップの水は,非常に大きな価値がある.100 cc の水は高く評価される.一方,水を飲み飽きた人にとっては,100 cc の水は不要であり,コップ半分の水をあまり評価しない.このよ

うに，物理的に 100 cc という量が，物差しの違いによって，その価値を大きく変化させる．

ソフトコンピューティング：一般的には，人工知能，計算機科学などの複雑な問題を扱う手法を示す．本書では，入力と出力との関係，原因と結果との関係が解析的な数式で記述しにくいドライバの挙動などを扱うために，生物器官の仕組みを工学的に模倣したり，決定論的な計算式によらない推論方法などの方法を示す．ニューラルネットワーク，ファジィ，遺伝的アルゴリズムなどがある．一般的に，ソフトコンピューティング手法によって得られる結果は，人間が判断する結果と似ているといわれている．

惰性走行：自動車走行で，加速後，アクセルをまったく踏まない状態で自動車が走行している状態．アクセルを踏まず，下り坂を走行しているときの状態．

多目的意思決定：就職先を決めるときに，給料，職場内の人間関係，福利厚生など多数の評価関数により評価し，その評価結果を総合して最終的に一つの会社を決定するときのような決定のプロセス．

注意資源：人間の情報処理に関する考え方の一つ．注意に関わるエネルギー(資源，リソース)は有限であり，人間が何かの対象に注意を払うと，その資源を利用して注意を払う．ほかの注意対象に関しては，残りの資源で注意を払うようになるという考え方．たとえば，100 の注意資源があったとき，警報で「右のほうに気をつけてください」と指示されると 100 の資源のうち，80 の資源を使って右を注意する．一方，左方向の注意は 100 − 80 = 20 になってしまうという考え方．

ドップラシフト：救急車がサイレンを鳴らして接近し，遠ざかって行くときにサイレンの音は同じなのに，立ち止まって聞いている自分の耳に入ってくるサイレンの周波数が変化して聞こえる．この現象をドップラ効果という．音源が接近してくるとき音源の波長が見かけ上短くなるので，周波数が高く聞こえる．一方，音源が遠ざかることにより，音源からの波長が見かけ上長くなるので，周波数が低く聞こえる．周波数×波長＝伝搬速度で一定．ミリ波レーダなどでは，反射する対象が接近してくるときと離れていくときに同様な周波数の変化があるため，どれだけ周波数が変化したかを測定するだけで，対象物(先行車両や前方障害物)と自車の相対速度を瞬時に測ることができる．

ニューラルネットワーク：入力(原因)と出力(結果)との関係を対応づけるネットワーク．生物の脳の機能を模倣して工学的に構築したシステム．既知の入力と出力を対応させ，その関係を学習する「学習フェーズ」と，学習後に未知の入力に対

して，学習した結果に基づき出力を推定する「想起フェーズ」がある．ニューラルネットと略すこともある．

パーセプトロン：ニューラルネットワークの一つ．入力と出力との関係を「学習」としてネットワーク内に記憶し，その後，任意の入力に対して出力を想起することができる．

ハザード・外的情報・負のアフォーダンス：本文ではほぼ同じ意味を示す．商店街の道路前方の路肩に停車している自動車の後方から子供が飛び出しそうだとドライバが考えたら，その飛び出しそうな状況がハザードである．また，その空間的な配置などが外的情報であり，ドライバの減速挙動や制動操作を誘発する(アフォードする)負のアフォーダンスである．ドライバの特性や周囲の状況，その空間に至る時間的な経緯などによって変化する．

汎化性(はんかせい)：ニューラルネットワークなどに有限な入力データと出力データの対応関係を教示したときに，教示した入力データ以外の未知のデータをニューラルネットワークに入力しても，おおむね合理的な出力データが想起される能力をもつこと(ニューラルネットワークの項参照)．

判別分析：複数のデータのグルーピングやグループ間の違いの程度を判定するための方法．たとえば，マハラノビス汎距離を用いて複数データの距離を算出し，類似したデータのグループをつくり，未知のデータに対してどのグループに属するかの判定を行う手法．

非手続き型プログラム：通常のコンピュータプログラムでは，動作の手順や計算式を順次処理しながら出力を決定する．こうした．HOW (やり方)を記述するのではなく，WHAT (何をするか)を宣言して好ましい出力を決定するプログラミング手法

ファジィ推論：ファジィ知識ベースによって推論する方法．数式による解析的な推論と異なり，あいまいな情報でもおおむね適切な推論結果が導かれることが多い．

ファジィ知識ベース：言語的な If … Then … をベースに，それぞれのルールに物理量とルールの確からしさを関係づけたメンバーシップ関数を対応させた知識ベースのこと．

プライミング効果：心理効果の一つ．ある刺激を与えようとするとき，刺激を提示する前に刺激に関係する事前刺激を与えておくと，その後に提示される刺激に対して知覚・認識感度が上昇するという効果．ここでは，Fマークが表示される前にPマークを表示することがプライミング効果を与えている．

マハラノビス汎距離：複数の要素がどのくらい類似しているかを表すときに要素間の距離を定義する．距離が遠ければ，その要素は似ていないし，近ければ似ている．この距離を計算するときに，複数の要素の統計的な分布状況を考慮して距離を算定するための方法の一つ．たとえば，生まれたばかりの子供の身長はおおむね 50 cm である．それよりも身長が高い赤ちゃんや低い赤ちゃんがいるが，生まれたばかりの赤ちゃんの身長の分布は，50 cm の近くに集中している．一方，20 歳の成人男性の場合，身長の差は大きく広がり，150 cm の人もいれば，190 cm の人もいる．つまり，日本人の成人男性の平均身長の周りに実際の身長が広く分布していることになる．このとき，生まれたばかりの 2 人の赤ちゃんの身長の違い 5 cm と 2 人の成人男性の身長の違い 5 cm を同じ違いとして考えるのは合理的でない．マハラノビス汎距離は，データのばらつきなどを考慮して，合理的に比較するための距離を算出する．

ミリ波レーダ：約 76 GHz のミリ波を発信し，前方の金属 (通常，前方を走行する自動車の後部面) に反射して戻ってくる電波信号を受信する．発信して対象物に反射して帰ってくる信号を受信するまでの時間から対象物までの距離を計測する．前方 100 m 以上の検出ができる．ミリ波レーダは，豪雨，霧などの悪天候下でも距離測定ができる．

メンタルモデル：人間の思考や挙動を予測するためのモデル．一般的に，物理的に観測した計測値が入力となり，操作意図やドライバの自動車に対する挙動期待が出力になる．ただし，人間が期待することは，外部から観測できることだけで決定できないとき (可観測性) もあり，また，同じ状況でもそれまでの時間的経緯によっては同じ期待をもたない場合 (エルゴート性) もあるので，メンタルモデルにより正確にドライバの気持ちや挙動を予測することは容易ではない．

楽観的融合測度・悲観的融合測度：複数の要因を総合的に判断する過程において，ある一つの要因に特徴が現れれば，その一つの要因の特徴を高く評価して総合的な判断にその要因を反映させる考え方と，すべての要因に特徴が現れなければ，総合判断に要因の特徴を反映しない考え方がある．悲観的・楽観的とは評価する形態によって変化する．負のアフォーダンスに対する上記の評価であるならば，一つでも負のアフォーダンス要因があれば，全体として総合評価するときにその一つの要因を高く評価する．つまり，一つでも危険な要因があれば，悲観的に解釈する評価測度をとる．逆に，負のアフォーダンスが複数そろったときに初めて評価するのであれば，結果的には，一つぐらいの負のアフォーダンス要因に対し

て楽観的な総合評価を加える評価測度となる．

劣加法的・優加法的：二つの要素 A と B が劣加法的であるとは，二つの要素が同時に作用した時に A+B よりも小さな効果になってしまうこと．同様に優加法的とは，A+B よりも大きな効果が得られること．たとえば，2 人の職人が家づくりの仕事をしたときに，2 人の職人が優加法的に作用するならば，それぞれ 1 人ずつ行う仕事を別々に行った分よりも 2 人が効果的な仕事をする．つまり，優加法的とは，2 人が協力し合って，単純に 2 人の力の和以上の力を発揮するということ．劣加法的はその逆で，2 人がお互いに足を引っ張り合い，単純に 2 人の力の和以下になってしまうこと．

ワークロード：ドライバが運転操作を行うときに感じる精神的・肉体的な疲れを表す指標．精神的な疲れを特にメンタルワークロードと呼ぶ．

AHP (Analytic Hierarchy Process)：階層化意思決定法．多目的意思決定法の一つ．目的，評価基準，選択する候補(代替案)を階層的に配置し，比較・判断しやすくした．

Automation Supeprose：自動車の運転支援装置は，ドライバが危険に気づいていないときに警報や制御介入を行い，危険な状態を救ってくれる．しかし，ドライバにとってみれば，なぜ，ここでこの警報が鳴るのか，あるいは，なぜここでブレーキが自動的に作動するのが即座に理解できなければ，ドライバにとって運転支援が逆に自分の運転操作を妨げる奇異な驚きに感じられる場合がある．この状態をオートメーションサプライズと呼ぶ．つまり，自動車運転支援装置が何をやろうとしているのかをドライバが理解できず，操作を戸惑ってしまう状態．

Control by Wire：ガソリンエンジンの場合，アクセルペダルとエンジンの出力を調整するスロットルは，従来，金属製ワイヤで機械的につながれている．アクセルペダルを踏むと，ワイヤが引っ張られ，エンジンルームの中に引き込まれたワイヤにつながっているエンジンのスロットル弁を機械的に開ける仕組みになっている．しかし，最近は，アクセルペダル開度をアクセルペダルセンサで電気的に計測し，コンピュータを介して，モータでスロットル弁を電気的に動かす仕組みがある．Wire〔この場合は，金属製ワイヤではなく，電気の配線(ワイヤ)〕で制御されるという意味で，コントロール・バイ・ワイヤの名がついた．コンピュータのプログラムによって自由に対応関係を変化させることができるので，制御の自由度が拡大する．駆動系だけでなく，操舵系，制動系も電子的に制御される技術が開発されている．このシステムでは，コンピュータの故障などで制御不能にな

らない，信頼性の高いシステムを構築することが課題となっている．

Destruction：ここでは，特にドライバディストラクションを示す．ドライバが，運転操作という本来の行動以外の要因によって運転操作に対する行動が散漫になるような状態．たとえば，運転中に携帯電話が鳴った場合や運転中にナビの画面を見ているなどの状態．ディストラクションが事故の原因になる場合がある．

LCX ケーブル：漏洩同軸ケーブル(Leaky CoaXial cable)．道路と並行してケーブルを設置し，ケーブルをアンテナとして利用する．道路側設備と各車両との間で通信を行うために利用する．

Heuristics：試行錯誤して発見したルール．特に入力(原因)と出力(結果)との関係を見つけられる定型手法があるわけではないが，入力と出力との関係をいろいろ分析しているうちに，入力と出力の関係を見つけること．ヒューリスティックス．

HFI (Hierarchy Fuzzy Integral)：階層化ファジィ積分．多目的意思決定手法の一つ．AHPに類似した構造をもつが，評価項目(評価基準)間の相互作用を考慮した総合判断ができる．

S/N 比：信号(Signal)とノイズ(Noise)の大きさの比．S/N 比が悪いということは，重要な信号にノイズが多く含まれていることを示す．エスエヌ比．

Soft warning：音や光で直接的に操作者に警報を提示するのではなく，操作者の操作レバーの反力を大きくしたり，操作ゲインを変化させたりして間接的に操作者に警報状態であることを気づかせる警報の方法．ソフトウォーニング．

Trust：ここでは，ドライバが運転支援装置を頼りにしている度合．人間が機械の挙動を信頼する度合．たとえば，車間距離警報装置などで，機械が前者との距離をしばしば測定し間違え，誤警報を頻繁に出すと，それに対してドライバは警報をあまり信じなくなる．このとき，Trust が低くなったという．トラスト．

VDC (Vehicle Dynamic Control)：アクセル踏込み時に車輪の空転を検出し，空転しないように駆動力を抑える．また，ブレーキをかけるときもブレーキ力が強すぎると車両が空転するため，ブレーキ力を断続的に減少させ空転を防止するシステム．加減速時にタイヤが空転しないことによりタイヤの力が十分路面に伝わり，車両の動きを的確にコントロールすることができる．

λ(ラムダ)-ファジィ測度：パラメータである λ の数値を変化せることで，悲観的な測度から楽観的な測度まで連続的に変化させることができる測度．

― 著者略歴 ―

高橋　宏 (たかはし ひろし)
　　1958年2月生れ
　　1983年　　東京工業大学大学院 総合理工学研究科
　　　　　　　電子システム修士課程修了
　　1983年〜1986年　(株)東芝入社
　　1986年〜2007年　日産自動車(株)総合研究所勤務，主管研究員
　　　　　　　　　　自動車の知能的制御・運転支援の研究・開発に従事
　　1999年〜2002年　筑波大学先端学際領域研究センター客員教授
　　2003年〜2007年　東京工業大学 大学院総合理工学研究科 連携教授
　　2007年〜　　　　現職(湘南工科大学 工学部 教授)
　　　　　　　　　　認知科学の視点から安全情報提示手法の研究に従事
　　2005年　日本機械学会フェロー
　　2006年　日本知能情報ファジィ学会著述賞(連名)受賞
　　2010年　日本機械学会教育賞(連名)受賞　など
　　　　　　IEEE，計測自動制御学会，日本機械学会などの会員．博士(工学)

JCOPY ＜(社)出版者著作権管理機構　委託出版物＞

2013年3月15日　第1版発行

2013
ドライバを支援する
車の知能化技術

著者との申
し合せによ
り検印省略

ⓒ著作権所有

著作者　　高　橋　　宏
　　　　　　たか　はし　　ひろし

発行者　　株式会社　養　賢　堂
　　　　　　代表者　及川　清

定価(本体2200円＋税)

印刷所　　星野精版印刷株式会社
　　　　　　責任者　入澤誠一郎

発行所　　〒113-0033 東京都文京区本郷5丁目30番15号
　　　　　株式会社 養賢堂
　　　　　TEL 東京(03)3814-0911　振替00120
　　　　　FAX 東京(03)3812-2615　7-25700
　　　　　URL http://www.yokendo.co.jp/
　　　　　ISBN978-4-8425-0511-4　C3053

PRINTED IN JAPAN　　　製本所　星野精版印刷株式会社

本書の無断複写は著作権法上での例外を除き禁じられています．
複写される場合は，そのつど事前に，(社)出版者著作権管理機構
(電話 03-3513-6969，FAX 03-3513-6979，e-mail:nfo@jcopy.or.jp)
の許諾を得てください．